2019 年重庆市建筑绿色化
发展年度报告

重庆市绿色建筑与建筑产业化协会绿色建筑专业委员会
重庆大学绿色建筑与人居环境营造教育部国际合作联合实验室
重庆大学国家级低碳绿色建筑国际联合研究中心　　　　　　主编
重庆市建设技术发展中心

科　学　出　版　社
北　京

内容简介

本书详细总结了2019年重庆市绿色建筑发展情况，分析了该市绿色建筑整体情况、技术咨询能力和项目技术增量，整理了该市典型的绿色建筑案例，梳理了绿色建筑技术应用体系、绿色建筑标准要求的发展、室内物理环境问题及室内环境监测仪器现状，并针对重庆市近零能耗建筑技术路线、居住区海绵城市常用技术体系与建设实践进行了系统性研究分析。

本书是对重庆市建筑绿色化发展的阶段性总结，可供城乡建设领域及从事绿色建筑技术研究、设计、施工、咨询等的相关人员参考。

图书在版编目(CIP)数据

2019年重庆市建筑绿色化发展年度报告／重庆市绿色建筑与建筑产业化协会绿色建筑专业委员会等主编. — 北京：科学出版社，2020.11
ISBN 978-7-03-064300-1

Ⅰ．①2… Ⅱ．①重… Ⅲ．①生态建筑–研究报告–重庆–2019 Ⅳ．① TU–023

中国版本图书馆CIP数据核字 (2020) 第 186739 号

责任编辑：华宗琪／责任校对：彭 映
责任印制：罗 科／封面设计：义和文创

科学出版社 出版
北京东黄城根北街16号
邮政编码：100717
http://www.sciencep.com

成都锦瑞印刷有限责任公司 印刷
科学出版社发行 各地新华书店经销

*

2020年11月第 一 版 开本：787×1092 1/16
2020年11月第一次印刷 印张：11 1/2
字数：272 000
定价：119.00 元
(如有印装质量问题,我社负责调换)

编 委 会

主编单位 重庆市绿色建筑与建筑产业化协会绿色建筑专业委员会
重庆大学绿色建筑与人居环境营造教育部国际合作联合实验室
重庆大学国家级低碳绿色建筑国际联合研究中心
重庆市建设技术发展中心

参编单位 重庆市绿色建筑与建筑产业化协会
中机中联工程有限公司
中煤科工重庆设计研究院(集团)有限公司
中冶赛迪工程技术股份有限公司

主　　　编 丁　勇
编委会主任 董　勇
副 主 任 李百战　董孟能
编委会成员 曹　勇　赵　辉　王永超　谢自强　张京街　谭　平
张红川　石小波　丁小猷　周铁军　何　丹　赵本坤
叶　强　杨修明
编写组成员 刘　红　高亚锋　喻　伟　翁庙成　缪玉玲　夏　婷
刘一凡　罗　迪　唐　浩　范凌泉　冷艳锋　杨丽莉
李　丰　吴俊楠　陈进东　曾小花　何开远　石国兵
沈舒伟　秦砚瑶　戴辉自　陈璞玉　张　馨　金高屹
杨　彬　罗延芬　周雪芹　王　玉　胡文端

前　　言

  《2019 年重庆市建筑绿色化发展年度报告》是重庆市绿色建筑与建筑产业化协会绿色建筑专业委员会针对重庆市 2019 年建筑绿色发展领域的主要工作开展情况，汇集业内主要单位编写完成的集工作总结和技术报告于一体的行业年度发展报告。

  2019 年，重庆市住房和城乡建设委员会在推进城乡建设领域绿色建筑高品质高质量发展方面开展了一系列卓有成效的工作，推动了绿色建筑相关技术标准体系的更新完善，进一步加强了绿色建筑发展的规范性建设。全市围绕生态优先绿色发展要求，组织部署建筑节能、绿色建筑发展目标，在建筑节能、绿色建筑、既有建筑改造、可再生能源建筑应用、绿色建材、建筑产业化发展等方向不断创新发展，圆满完成了年度各项工作计划，实现了绿色建筑的量质齐升发展目标。

  为了充分总结行业发展，2019 年的重庆市建筑绿色化发展年度报告中，涵盖了重庆市绿色建筑与建筑产业化协会绿色建筑专业委员会的年度工作总结、重庆市绿色建筑年度发展情况、重庆市绿色建筑技术应用体系分析，并针对公共建筑室内物理环境现状、室内物理环境要求的发展、室内环境监测仪器的现状进行了分析总结。在技术报告中，本次年度报告重点总结了绿色建筑标准要求的发展方向和新版重庆市《绿色建筑评价标准》的修订要点，以及业内关注的近零能耗建筑技术路线的研究、居住区海绵城市常用的技术体系与建设实践等技术及应用。

  由于时间紧、内容多，在编写本年度报告的过程中，各参与单位和编写人员均付出了大量艰辛的劳作，值此收稿之际，一并向参与编写工作的各位工作人员表示衷心的感谢！重庆市住房和城乡建设委员会设计与绿色建筑发展处对年度报告的出版工作给予了大力支持，在此表示由衷的感谢！本年度报告力求总结全面，但由于编写单位的时间、能力有限，内容仍难以全面覆盖，如有遗漏，在此向相关单位、人员表示歉意，我们会在后续工作中尽可能予以完善。

重庆市绿色建筑与建筑产业化协会绿色建筑专业委员会

2020 年 4 月

目　录

总　结　篇

技 术 篇

|总 结 篇|

第1章　重庆市绿色建筑与建筑产业化协会绿色建筑专业委员会 2019 年度工作总结

2019 年，重庆市绿色建筑行业建设主要围绕机构建设与发展、绿色建筑评价标识、绿色建筑标准法规建设、科研创新发展、国际合作交流、推动区域绿色建筑发展等方面开展了卓有成效的工作，进一步促进了重庆市绿色建筑行业的积极蓬勃发展，为中国建筑业绿色化发展提供了坚定的技术支撑和行业服务。

1.1　建设与发展

1. 重庆市绿色建筑与建筑产业化协会绿色建筑专业委员会的建设与发展

重庆市绿色建筑与建筑产业化协会绿色建筑专业委员会自 2010 年 12 月成立至今，一直秉承贯彻落实科学发展观，坚持政府引导、市场运作、因地制宜、技术支撑的原则，大力发展绿色建筑，努力探索一条适合重庆实际的绿色建筑与评价道路，为提升重庆建设品质、建设宜居重庆提供支撑。截至 2019 年，重庆市绿色建筑与建筑产业化协会绿色建筑专业委员会共拥有 25 家团体会员，形成了汇聚一方行业领军企业、引领一方绿色建筑发展的态势。

根据重庆市绿色建筑与建筑产业化协会绿色建筑专业委员会的发展需要，为进一步加强行业学会之间的联系，更全面地整合资源，促进全民大力推进绿色建筑的局面，2019 年，重庆市绿色建筑与建筑产业化协会绿色建筑专业委员会组织人员在以前的基础上进一步加强了绿色建筑专业委员会的发展实力建设，同时进一步整合了行业、学会的力量，为重庆市绿色建筑的大踏步发展奠定了坚实的基础。

2019 年，重庆市绿色建筑与建筑产业化协会绿色建筑专业委员会组织建设的重庆市绿色建筑与建筑产业化协会绿色建筑专业委员会微信公众号，全年共推送 30 次信息、45 篇文章，及时将行业信息和动态通过微信平台向行业传播，推送重庆市绿色建筑发展的最新资讯和重要通知。

为进一步提升重庆市绿色建筑与建筑节能的监管水平和实施能力，进行人才培养和能力建设，重庆市绿色建筑与建筑产业化协会绿色建筑专业委员会组织开展了一系列培训研讨活动，以加强团体会员之间的学习、经验交流；组织梳理了典型示范工程、示范技术、推荐性产品，逐步建设完成覆盖各专业领域的重庆市绿色建筑推荐产品技术数据库，为重庆市绿色建筑提供强有力的技术支撑；结合绿色建筑行业信息化建设工作的推进，启动了重庆市绿色建筑在线展示与评价平台,实现了重庆市绿色建筑项目的在线查询和绿色建筑标识评价的网络评审;发布了重庆市绿色建筑专业委员会 2020 年工作计划,深化绿色建筑交流,着力绿色建筑质量,构建绿色建筑平台。

2. 西南地区绿色建筑基地的建设与发展

为更好地促进地区绿色建筑的发展,西南地区绿色建筑基地已拥有完善的组织构架。为推动适宜绿色建筑技术的应用,结合地区绿色建筑项目,西南地区绿色建筑基地广泛征集筛选并整理了具有代表性的绿色建筑示范项目,完成了西南地区绿色建筑示范工程分布图,成为地区性绿色建筑示范中心;对西南基地覆盖区域内绿色建筑技术和产品进行了分类筛选,初步建立了本地区适用技术、产品推荐目录;筹备建立了绿色建筑技术产品数据库,颁布了绿色技术产品列表,成为地区性绿色建筑技术产品展示中心;开展了绿色建筑关键方法和技术的研究开发,成为地区性绿色建筑研发中心;组织了各种专题研讨、培训活动,成为地区性绿色建筑教育培训中心;利用各种渠道,组织开展了国际交流和合作活动,形成了地区性开展国际交流和合作的场所中心。

1.2　绿色建筑标识评价的工作情况

1.2.1　绿色建筑评价标识项目情况

2019 年,重庆市绿色建筑与建筑产业化协会绿色建筑专业委员会通过绿色建筑评价标识认证的项目共计 44 个,总建筑面积 937.72 万 m^2,其中,公共建筑项目 7 个,总建筑面积 92.21 万 m^2,包括铂金级(三星级)项目 2 个,总建筑面积 50.67 万 m^2,金级(二星级)项目 3 个,总建筑面积 17.4 万 m^2,银级(一星级)项目 2 个,总建筑面积 24.14 万 m^2;居民建筑项目 37 个,总建筑面积 845.51 万 m^2,包括金级项目 33 个,总建筑面积 759.25 万 m^2,银级项目 4 个,总建筑面积 86.26 万 m^2。详细情况见表 1-1。

表 1-1　2019 年度已完成评审的绿色建筑评价标识项目统计

评价等级	项目名称	建设单位	评审时间
铂金级	全球研发中心建设项目部分 A(一期)——办公楼	重庆长安汽车股份有限公司	2019.3.19
铂金级	化龙桥片区 B11-1/02 地块超高层(二期)	重庆瑞安天地房地产发展有限公司	2019.12.9
金级	俊豪城(西区)(居住建筑部分)	重庆璧晖实业有限公司	2019.1.7
金级	林语春风(M01-4、M02-2 地块)建设工程	重庆康甬置业有限公司	2019.1.10
金级	金科·博翠天悦	重庆市璧山区金科众玺置业有限公司	2019.1.15
金级	锦嘉国际大厦	重庆成大置业有限公司	2019.1.16
金级	龙湖中央公园项目(F125-1 地块)	重庆龙湖煦筑房地产开发有限公司	2019.1.24

续表

评价等级	项目名称	建设单位	评审时间
金级	万科金域蓝湾(N19-2-1/02 地块)	重庆勇拓置业有限公司	2019.1.25
金级	金科·天壹府一期	重庆金帛藏房地产开发有限公司	2019.1.25
金级	万科沙坪坝区沙坪坝组团 B 分区 B12/02 号宗地项目	重庆峰畔置业有限公司	2019.2.21
金级	盛资尹朝社项目一期(大杨石 N02-4-1、N02-4-2 地块)(居住建筑部分)	重庆盛资房地产开发有限公司	2019.2.21
金级	万科蔡家项目 M14/03 地块	重庆星畔置业有限公司	2019.2.22
金级	金科天宸二期 L48-5/04、L32-1/03 地块	重庆金科宏瑞房地产开发有限公司	2019.2.28
金级	盛泰礼嘉(A29-3 号地块、A37-5-1 号地块)(居住建筑)	重庆华宇盛泰房地产开发有限公司	2019.3.11
金级	两江新区悦来组团 C 分区望江府项目(C41/05、C39-3/05、C48/05、C58-1/06 地块)(居住建筑)	重庆碧桂园融创弘进置业有限公司	2019.3.11
金级	洺悦府	重庆泛悦房地产开发有限公司	2019.3.12
金级	北京城建·龙樾生态城(C30-2/06 地块)	北京城建重庆地产有限公司	2019.3.13
金级	融创中航项目(E15-01/01 号地块)(居住建筑部分)	重庆两江新区新亚航实业有限公司	2019.3.13
金级	重庆万科蔡家项目 M36-02/04 地块	重庆星畔置业有限公司	2019.3.14
金级	启迪协信·星麓原二期 N06-1/03 地块	重庆远沛房地产开发有限公司	2019.3.14
金级	金科·中央华府东区(居住建筑部分)	重庆金科亿佳房地产开发有限公司	2019.3.22
金级	久桓·中央美地(居住建筑部分)	重庆市璧山区久桓置业有限公司	2019.3.25
金级	千年重庆·茅莱山居(住宅)11～15 号楼、30～34 号楼、37～40 号楼、42～58 号楼及地下车库	重庆普罗旺斯房地产开发有限责任公司	2019.4.3
金级	金科天元道(一期)(023-5、035-4/03 地块)	重庆市金科实业集团弘景房地产开发有限公司	2019.4.3
金级	珠江城 DEF 区项目(EF 区)	重庆汇景实业有限公司	2019.4.4
金级	重庆照母山 G4-1/02 地块(四期住宅部分)	重庆业晋房地产开发有限公司	2019.4.4
金级	金科天元道(二期)020-6、020-8 号地块	重庆金科竹宸置业有限公司	2019.4.9
金级	金科云玺台一、二期	重庆市金科骏耀房地产开发有限公司	2019.4.23
金级	泽恺·半岛北岸	重庆泽恺实业有限公司	2019.5.15
金级	涪陵高山湾综合客运换乘枢纽及附属配套设施工程 EPC	重庆市涪陵交通旅游建设投资集团有限公司	2019.5.27
金级	万科·金域华府	重庆金域置业有限公司	2019.5.31
金级	金辉城三期一标段(居住建筑部分)	重庆金辉长江房地产有限公司	2019.6.3
金级	界石组团 N 分区 N12/02 地块项目(居住建筑部分)	重庆金嘉海房地产开发有限公司	2019.11.1
金级	金科观澜(一期)	重庆市金科骏凯房地产开发有限公司	2019.11.14
金级	珠江城 DEF 区项目(EF 区)(竣工)	重庆汇景实业有限公司	2019.12.3

续表

评价等级	项目名称	建设单位	评审时间
金级	茶园 B44-2	重庆康田米源房地产开发有限公司	2019.12.10
金级	万科蔡家 N 分区项目 N19-4/02、N18-1/03、N18-4/02 地块	重庆嘉畔置业有限公司	2019.12.18
金级	两江御座	重庆市荣渝房地产开发有限公司	2019.12.19
银级	重庆綦江万达广场	重庆綦江万达广场置业有限公司,北京清华同衡规划设计研究院有限公司,重庆万达广场商业管理有限公司綦江分公司	2019.3.5
银级	北碚万达广场	重庆北碚万达广场置业有限公司,北京清华同衡规划设计研究院有限公司,重庆万达广场商业管理有限公司北碚分公司	2019.3.5
银级	鲁能领秀城一街区	重庆江津鲁能领秀城开发有限公司	2019.3.15
银级	金科·中央公园城五期 B18-01/01 地块	重庆市璧山区金科众玺置业有限公司	2019.3.20
银级	中国铁建·东林道一期工程	重庆铁发地产开发有限公司	2019.3.27
银级	重庆白鹭湾璧山项目 BS-1J-287 号宗地(居住建筑部分)	重庆嘉富房地产开发有限公司	2019.12.09

注:EPC 指工程(Engineering)、采购(Procurement)、建设(Construction),是国际通用的工程总承包产业的总称。

1.2.2 绿色建筑案例介绍

以长安汽车全球研发中心项目为例,本项目结合重庆的地域性气候特征,以"绿色、节能、高效"理念为指导,融合人文环境,创新地将适宜性的绿色建筑技术运用到项目中,实现了绿色建筑设计与施工的一体化设计。本项目为其他项目的绿色建筑实践提供了借鉴,为推动绿色建筑高质量发展提供了实践经验。

1. 建设理念

按照长安集团打造千亿汽车城的战略布局,在重庆市两江新区鱼嘴长安工业园区建设长安汽车全球研发中心。按照长安公司的发展愿景:紧跟国际汽车主流技术发展的脚步,通过掌握汽车节能、环保、安全及电子信息技术等汽车开发关键技术,形成较强的汽车产品自主开发能力,为实现长安公司的可持续发展、建立具有国际竞争力的汽车工业奠定坚实的基础。

长安汽车领先文化理念体系,既源于历史的传承,又基于现实的创新,更是对未来发展的前瞻把握。长安汽车文化理念体系是一个开放、成长、创新的体系,将在实践中不断完善和创新。本项目在整个场地的特色区域部署所有的策略,构架各个区域的功能和特性,梳埋相关地块的空间性质,为提高城市公共空间质量提供保障依据,努力将重庆长安鱼嘴研发中心打造成为一个集"工作、生活、休闲"于一体的新兴汽车产业科技园。同时将绿色生态元素融入园区并以此作为生态园区的大背景,创建一个充满活力的公共空间,提供高品质园区现代办公及活动场所。长安汽车全球研发中心实景如图 1-1 所示。

图 1-1　长安汽车全球研发中心实景图

2. 项目概况

车行轨道及速度作为本项目的主要设计元素,以简洁流畅的线条形成多元化的设计语言贯穿整个场地。场地内慢行系统通过绿轴的方式将本项目与其他建筑连接起来,创造宜人的室外环境。办公楼(图 1-2)位于研发中心园区的核心地带,面向园区人行主入口。办公楼的总建筑面积 113362.94m²,其中,地上建筑面积 92529.86m²,地下建筑面积 20833.08m²,地上 5 层,地下 1 层。办公楼的建筑密度为 33%,容积率为 1.52。办公楼入口实景如图 1-3所示。

图 1-2　长安汽车全球研发中心办公楼实景图

图 1-3   长安汽车全球研发中心办公楼入口实景图

3. 绿色技术分析

本项目秉承以人为本的根本原则，以可持续发展为目标，以长安集团的企业文化为指引，以适宜重庆气候、能源、经济及社会条件的绿色、生态、低碳、节能、宜居等技术手段为支撑，着力将长安全球研发中心办公楼打造成为国际、国内领先水平的绿色建筑精品工程。

本项目始终以能源与环境设计先锋(Leadership in Energy and Environmental Design，LEED)金奖、中国绿色建筑三星奖要求为指导，同时针对重庆地区的气候特征，优选经济、高效、可持续的绿色建筑技术。例如，使用幕墙内遮阳百叶系统、空气检测系统、室内光照自动调节、新风换气系统、节能光导照明等一系列先进技术，在减少能耗的基础上满足项目的生态性、舒适性、智慧性要求。

1)生态性

本项目室外通过设置下沉式绿地(图 1-4)、景观水体等达到实现场地调蓄功能的目的，其中下沉式绿地面积占比 32.79%，屋面雨水、道路雨水被引导进入下沉式绿地、雨水池等。本项目还设计有透水混凝土、透水砖等，透水铺装面积可达 81.50%，如图 1-5 所示。

图 1-4   下沉式绿地

图 1-5　场地透水铺装

　　场地内设计有两个雨水收集池，雨水经处理后分别用于绿化灌溉、景观补水、道路冲洗、冷却补水等。雨水收集处理系统（图 1-6）可以采用自动、远程控制方式，具有备用水源和溢流装置，能够对现场进行实时监控，能够自动控制水位以保障水量安全，另外加药装置为全自动工作和投加方式。

图 1-6　雨水收集处理系统

　　绿化灌溉采用喷灌系统，其喷头如图 1-7 所示。部分绿化较小区域采用滴灌系统，并设置雨量传感器与中控系统相连。

图 1-7　喷灌系统喷头

所有景观水体均由处理后的雨水补水。景观水池净化工艺采用"生物除浊+生物除藻"的综合处理方式。生态水景处理设备如图 1-8 所示。

图 1-8　生态水景处理设备

本项目处于工业园区，为最大化地提高绿化率，给员工提供良好的绿化环境，项目屋顶、中庭、室内、走廊等处均设置大量的绿化空间，以增强园区员工的舒适度，如图 1-9 所示。

(a)屋顶绿化

(b)中庭绿化1

(c)中庭绿化2

(d)中庭绿化3

图 1-9　绿化空间

2) 舒适性

本项目全面考虑营造良好的声、光及室内环境质量。在建筑设计、建造和设备系统设计、安装过程中均考虑建筑平面和空间功能的合理安排，并在设备系统设计、安装时考虑控制其引起的噪声与震动的手段和措施。例如，所有设备间设置吸音板；所有卫生间、茶水间设置于办公区外；给排水管网均设置于管道井内，以有效降低排水噪声对办公区域的影响；屋面雨水采用虹吸式排放系统，雨水管为承压管，采用专业的降噪措施；所有会议室采用"新型阻尼隔声墙板+轻钢龙骨"隔墙系统，且缝隙采用隔音密封剂进行密封，从而加强了隔音效果。各种消音降噪措施如图 1-10 所示。

(a)新型阻尼隔声墙板

(b)独立茶水间

(c)设备减震

(d)设备间吸音

图 1-10　消音降噪措施

本项目采用中庭设计，十字形的连廊横跨"庭院"，满足了建筑整体采光和通风的要求，使办公室能够充分利用自然光，减小进深，从而提高了采光质量。地下车库采用 21 套光导管系统，保证了良好的采光效果。改善光环境的措施如图 1-11 所示。

(a)中庭连廊

(b)中庭1楼

(c)导光管

(d)车库导光管照明端

图 1-11　改善光环境措施

本项目在遮阳方面首先通过建筑 4、5 层外挑，形成建筑形体自遮阳的效果，在其他区域通过中空内置百叶进行外遮阳，合理控制太阳辐射进入办公区域，在提高舒适性的同时实现节能的目的。各种遮阳措施如图 1-12 所示。

(a)楼层外挑

(b)内置百叶幕墙（室外）

(c)中空内置百叶

(d)内置百叶幕墙（室内）

图 1-12　遮阳措施

本项目在室内对 PM2.5、PM10（PM 的全称为 Particulate Matter，颗粒物，其中，PM2.5 也称为细颗粒物、可入肺颗粒物，PM10 也称为可吸入颗粒物，两者都属于可吸入颗粒物）、CO_2（二氧化碳）、甲醛进行实时监测，对数据采集仪进行参数设定并联动相关区域的新风机动作，同时对各种监测数据的阈值进行设定和更改，并设置 3D（3-dimension，三维）状态展示及报警、预警系统。本项目设置独立的新风系统，采用带表冷器的新风换气机，其中设置中效过滤器；主要功能房间的吊顶式空调箱和风机盘管中设置空气净化消毒器，在过渡季节，根据新风入口处设置的传感器的检测结果，当室外空气温度低于设定值时就切换至全新风运行。室内空气质量控制措施如图 1-13 所示。

(a)空气质量采集器

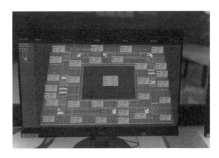

(b)中控系统

(c)空气质量探头   (d)新风系统

图 1-13   室内空气质量控制措施

本项目还设置了与排风设备联动的 CO(一氧化碳)浓度监测系统(图 1-14),当 CO 浓度超过 30mg/m^3 时就报警,同时立刻启动排风系统。

(a)CO探头   (b)中控系统

图 1-14   CO 浓度监测系统

3) 智慧性

为了使各子系统能够有条不紊、协调一致地高效、可靠运行,最大限度地节省能耗和日常运行管理的各项费用,研发中心需要对各个系统进行智能化整合,构建一个智能化综合管理平台。该管理平台包括技防系统(含视频监控、入侵报警)、一卡通系统(含门禁系统、车行及停车场管理系统)、能源自动化管理系统〔图 1-15(a)〕、消防报警系统等各自相对独立的系统。其中,能源自动化管理系统主要包括智能智表数据采集系统、设备(空调、电梯、发电机)管理系统、空气质量监测系统〔图 1-15(b)〕及联动控制系统、智能照明管理系统等。

(a)能源自动化管理系统   (b)空气质量监测系统

图 1-15   长安汽车全球研发中心的中控系统

智能智表数据采集系统(图 1-16):既有对各类智能智表终端数据的解析能力和存储能力,又有对既有能耗监控相关系统与设备的接入能力,还有能耗查询、统计、分析、评价等功能,包括能耗分析计算、能耗分析结果查询及能耗分析报告生成等。

(a)配电室

(b)智能表

图 1-16　长安汽车全球研发中心的智能智表数据采集系统

设备(空调、电梯、发电机)管理系统(图 1-17):主要负责对本项目的 3 组离心式冷水机组、冷冻泵(卧式蜗壳双吸泵)、冷却泵(卧式蜗壳双吸泵)、热水泵(卧式蜗壳双吸泵)、横流式方形冷却塔、锅炉公用站房中的 3 台锅炉的状态数据进行采集、监测,同时对电梯运行状态进行监测采集等。

(a)智能监测系统

(b)水泵

图 1-17　长安汽车全球研发中心的设备管理系统

空气质量监测及联动控制系统:负责对项目室内的 PM2.5、CO_2、甲醛进行监测,对负 1 楼车库的 CO 进行监测,并根据空气质量(PM2.5、CO_2、甲醛、CO 的监测数据)监测环境状况,从而对其热回收式新风换气机进行启停。当车库中 CO 的监测浓度高于设定值时,会联动车库新风机/送排风机及时排风及补充新风。

智能照明管理系统(图 1-18):项目中靠近玻璃幕墙的区域须根据室外光照度情况,通过光感器对室内灯光的综合场景照明实现智能管控,使玻璃幕墙区域能够充分利用自然光,自动感知环境照度,调节灯具亮度,实现恒照度感应功能,从而达到良好的办公光环境。采用分组、分时自定义预设常规照明模型实现智能管控,实现上班、午休、清洁、节能、全关等情景模式的一键式操作。车库、走廊、大厅、卫生间等公共区域通过动静探测器实现人在灯亮，人走延时关闭的智能管控。智能照明管理系统可通过远程手动实时控制或通过面板直接控制。

(a)照明中控

(b)模块控制

(c)控制开关

(d)探头

图 1-18　智能照明管理系统

4. 实施过程思考

节能设计优先是提升建筑绿色化效率的有效手段，但是建筑的使用需求和用户的使用感个性化定制设计方案也尤为重要。例如，在隔声材料的选择上，考虑到企业的特殊性和会议室的私密性，即使已经选择了达到绿色建筑标准相应要求的隔声材料，但仍需要采取更好的隔声措施来匹配使用功效。

办公楼隔墙使用的隔声材料是"新型阻尼隔声墙板+轻钢龙骨"，其构造见表 1-2。

表 1-2　办公楼隔墙构造

材料	厚度/mm	面密度/(kg/m²)
石膏板	12	6.9
阻尼隔声墙板	—	15.0
轻钢龙骨	壁厚 0.6mm 内填 100mm 厚岩棉	50.0
石膏板	12	6.9
阻尼隔声墙板	—	15.0

经检测，隔声量为 57dB 左右，较《民用建筑隔声设计规范》（GB 50118—2010）中对办公建筑隔墙高要求标准的 50dB 提高了 7dB，因此能满足该办公楼隔墙对更高隔声量的需求。

5. 结语

本项目以"绿色、节能、高效"为指导思想，以创造舒适的使用空间为目标，将绿色生态元素融入园区，在设计与施工过程中不断探索创新。一个新项目的规划设计建设，应根据项目的特点和具体性质，结合地域气候条件，同时考虑经济效益和技术落地的可行性来确定绿色建筑措施，并不断优化设计，加强设计与施工的交流配合程度，保证项目绿色建筑技术的实施落地。本项目的实施为重庆高效绿色建筑提供了示范作用，为推动绿色建筑高质量发展提供了实践经验。

1.2.3　2019 年度绿色建筑咨询单位执行情况

根据重庆市绿色建筑与建筑产业化协会绿色建筑专业委员会对参与重庆市绿色建筑评价咨询单位的信息统计，2019 年度共有 20 个绿色建筑咨询单位参与了绿色建筑技术咨询工作，共组织评审通过了 44 个绿色建筑项目。其中，按评价类型分有 7 个公共建筑，37 个居民建筑；按评价等级分有 2 个铂金级项目，35 个金级项目，6 个银级项目；按评价阶段分有 33 个设计阶段项目，8 个竣工阶段项目，3 个运行阶段项目。具体见表 1-3。

表 1-3　2019 年度各咨询单位咨询项目的实施情况

序号	咨询单位	项目数量	评价等级			评价阶段		
			铂金级	金级	银级	设计	竣工	运行
1	重庆市斯励博工程咨询有限公司	9	—	9	—	7	2	—
2	中机中联工程有限公司	6	1	5	—	4	2	—
3	重庆科恒建材集团有限公司	5	—	5	—	4	1	—
4	北京清华同衡规划设计研究院有限公司	2	—	—	2	—	—	2
5	重庆灿辉科技发展有限公司	2	—	2	—	2	—	—
6	重庆博诺圣科技发展有限公司	2	—	2	—	—	1	1
7	重庆绿能和建筑节能技术有限公司	2	—	2	—	1	1	—
8	重庆市建标工程技术有限公司	2	—	2	—	2	—	—
9	重庆升源兴建筑科技有限公司	2	—	2	—	2	—	—
10	重庆九格智建筑科技有限公司	2	—	1	1	2	—	—
11	重庆绿航建筑科技有限公司	1	—	1	—	1	—	—
12	重庆绿创建筑技术咨询有限公司	1	—	1	—	1	—	—
13	重庆景瑞宝成建筑科技有限公司	1	—	1	—	1	—	—
14	重庆星能建筑节能技术发展有限公司	1	—	—	1	1	—	—
15	重庆绿目建筑咨询有限公司	1	—	1	—	1	—	—
16	中冶赛迪工程技术股份有限公司	1	1	—	—	1	—	—
17	中煤科工重庆设计研究院(集团)有限公司	1	—	1	—	1	—	—
18	重庆市设计院	1	—	1	—	1	—	—
19	重庆市绿色建筑技术促进中心	1	—	1	—	1	—	—
20	重庆大学	1	—	1	—	—	1	—

1.3 发展绿色建筑的政策法规情况

为了规范行业发展，牢固树立创新、协调、绿色、开放、共享的发展理念，加快城乡建设领域的生态文明建设，全面实施绿色建筑行动，促进重庆市建筑节能与绿色建筑工作的深入开展，2019 年度，国家和重庆市发布了一系列政策法规、技术标准，为绿色建筑的迅速发展提供了有力支撑和坚强保障。重庆市制订发布的相关政策文件、标准法规如下：

■《重庆市住房和城乡建设委员会关于推进绿色建筑高品质高质量发展的意见》

■《重庆市住房和城乡建设委员会关于组织开展国家〈绿色建筑评价标准〉宣贯培训的通知》

■《重庆市住房和城乡建设委员会关于印发〈填充墙砌体自保温系统应用技术要点〉的通知》

■《重庆市住房和城乡建设委员会关于发布我市住宅阳台排水设计有关技术规定的通知》

■《重庆市住房和城乡建设委员会关于开展〈重庆市房屋建筑和市政基础设施工程勘察设计变更管理办法〉培训的通知》

■《重庆市住房和城乡建设委员会关于发布〈重庆市建筑材料热物理性能指标计算参数目录(2018 年版)〉的通知》

■《重庆市住房和城乡建设委员会关于做好注册建筑师和勘察设计注册工程师"挂证"等违法违规行为专项整治工作的通知》

■《重庆市住房和城乡建设委员会关于开展 2019 年度建筑信息模型(BIM)技术应用示范工作的通知》

■《重庆市住房和城乡建设委员会关于发布〈重庆市建筑工程施工图设计文件技术审查要点(2019 年版)〉等三项技术文件的通知》

■《重庆市住房和城乡建设委员会关于批准〈预制混凝土装配式检查井〉为重庆市工程建设标准设计的通知》

■《重庆市住房和城乡建设委员会关于批准〈改性沸石刚性防水建筑构造〉为重庆市工程建设标准设计的通知》

■《重庆市住房和城乡建设委员会关于批准〈重庆市房屋建筑和市政基础设施工程安全文明施工标准图集〉为重庆市工程建设标准设计的通知》

■《重庆市住房和城乡建设委员会关于批准〈城市轨道交通隧道衬砌标准化设计〉为重庆市工程建设标准设计的通知》

■《重庆市住房和城乡建设委员会关于批准〈浮筑楼板隔声保温系统构造——难燃型改性聚乙烯复合卷材、聚酯纤维复合卷材〉为重庆市工程建设标准设计的通知》

■《重庆市住房和城乡建设委员会关于批准〈既有建筑外墙节能改造——外保温〉为重庆市工程建设标准设计的通知》

■《重庆市住房和城乡建设委员会关于征求〈蠕变型高分子材料建筑防水系统构造(修

订)（征求意见稿）〉意见的通知》

■《重庆市住房和城乡建设委员会关于批准〈TPZ 分子粘系列防水卷材建筑防水系统构造〉为重庆市工程建设标准设计的通知》

■《重庆市住房和城乡建设委员会关于征求重庆市〈绿色建筑评价标准(征求意见稿)〉等四部绿色建筑系列地方标准意见的通知》

■《重庆市住房和城乡建设委员会关于征求〈智能化系统机房工程设计与安装图集(征求意见稿)〉意见的通知》

1.4 人才培养和能力建设情况

1.4.1 技术推广

2019 年 3 月 29 日，重庆市《空气源热泵应用技术标准》宣贯会(图 1-19)在重庆大学成功召开，会议由重庆绿色建筑产业化协会、绿色建筑专业委员会、西南地区绿色建筑基地、重庆市土木建筑学会暖通空调专业委员会主办。

图 1-19 《空气源热泵应用技术标准》宣贯会现场

1.4.2 交流研讨

为进一步促进绿色建筑技术的推广，扩大重庆市绿色建筑发展的影响，重庆市先后组织并参与了一系列宣传推广、学术论坛和研讨活动，共同探讨现状、分享实施案例、开展技术交流。具体活动如下：

2019 年 1 月 9 日，重庆金科地产集团股份有限公司集美嘉悦项目部就项目为实现绿色建筑、绿色生态小区技术要求的楼板保温隔声性能的实施案例组织开展了现场技术交流与研讨(图 1-20)。

图 1-20　现场技术交流

国家重点研发计划项目"基于实际运行效果的绿色建筑性能后评估方法研究及应用"的子课题"绿色建筑能耗、水耗及环境基准线研究"研讨会(图 1-21)于 2019 年 1 月 15 日在重庆大学召开。

图 1-21　"基于实际运行效果的绿色建筑性能后评估方法研究及应用"研讨会现场

2019 年 4 月 29 日，第四届西南地区建筑绿色化发展年度研讨会在重庆盛大召开(图 1-22)，会议由西南地区绿色建筑基地、重庆市绿色建筑与建筑产业化协会绿色建筑专业委员会主办，中冶赛迪集团有限公司、中国中冶美丽乡村与智慧城市技术研究院承办，中国建筑科学研究院有限公司重庆分院协办，该会议也得到了四川省建设科技协会、贵州省工程建设标准化与建筑节能协会的支持。

图 1-22　第四届西南地区建筑绿色化发展年度研讨会现场

随着第四届西南地区建筑绿色化发展年度研讨会的盛大召开，大会论坛"绿色建筑发展与要求解读"论坛(图 1-23)在国家最新绿色建筑评价标准编制专家的支持下，于 2019年 4 月 29 日下午顺利召开。论坛上，各省市就各自的工作和经验进行了交流(图 1-24)。

图 1-23　"绿色建筑发展与要求解读"论坛现场

图 1-24　各省市的工作与经验交流现场

　　4 月 29 日下午，第四届西南地区建筑绿色化发展年度研讨会论坛"绿色村镇发展与未来展望"论坛也顺利举办(图 1-25)。论坛上，各行业专家、学者围绕绿色村镇的发展路径、技术体系等进行了精彩的分享，王有为主任就绿色村镇发展也进行了精彩的发言(图 1-26)。

图 1-25　"绿色村镇发展与未来展望"论坛现场

图 1-26　王有为主任就绿色村镇发展进行发言

　　为进一步推动公共机构用能系统能源监管与运维评估智慧平台的建设，经重庆市机关事务管理局推荐、重庆市科学技术局立项的重庆市社会民生类重点研发项目"重庆市公共机构能源监管与运维评估大数据智慧平台"项目启动会于 2019 年 6 月 20 日组织召开(图 1-27)。

图 1-27　"重庆市公共机构能源监管与运维评估大数据智慧平台"项目启动会现场

2019 年 9 月 27 日，第九届夏热冬冷地区绿色建筑联盟大会在四川成都隆重组织召开（图 1-28）。

图 1-28　第九届夏热冬冷地区绿色建筑联盟大会现场

为进一步推动重庆绿色建筑与办公空间的发展，2019 年 10 月 31 日，由重庆市绿色建筑与建筑产业化协会绿色建筑专业委员会指导，戴德梁行主办的"绿色建筑引领办公空间体验式变革沙龙"在国金中心 T6 举行（图 1-29）。

图 1-29   "绿色建筑引领办公空间体验式变革沙龙"现场

暖通空调行业著名的领袖级专家，原北京市建筑设计研究院有限公司院长兼书记吴德绳教授日前到访重庆大学，并于 2019 年 10 月 28 日下午、30 日晚上和 31 日下午为土木工程学院的青年教师、硕博研究生、本科生分别开展了题为"迎着科技难关上"、"大学生如何学习得更好"和"沟通的艺术"的专题讲座，受到了师生的高度关注和热烈欢迎。

2019 年 11 月 25 日，重庆市《绿色建筑评价标准》送审稿定稿研讨会(图 1-30)由重庆市住房和城乡建设委员会组织召开。该标准自 2019 年 9 月正式启动编制以来，由 20 余位编制专家、近 40 余名参加人员，历经近 3 个月的编制，于 11 月公开征求意见，并收到了来自建筑行业各界人士反馈的 120 多条意见和建议。本次研讨会是在专家组对征求的意见进行答复确定的基础上，由重庆市住房和城乡建设委员会设计与绿色建筑发展处组织的重庆市《绿色建筑评价标准》送审稿确定的专家讨论会。

图 1-30   重庆市《绿色建筑评价标准》送审稿定稿研讨会现场

1.4.3   国际绿色建筑合作交流情况

为进一步推动我国绿色建筑国际化合作的深层次发展，2019 年，重庆市大力开展绿色建筑国际交流中心建设，并进行了多次国际合作与会议交流。

2019 年 6 月 2 日~4 日，由西南地区绿色建筑基地组织，重庆市绿色建筑与建筑产业化协会副会长、绿色建筑专业委员会秘书长、重庆大学丁勇教授，重庆大学高亚锋副教授，中国建筑科学研究院有限公司重庆分院狄彦强院长、刘寿松、李颜颐研究员一行五人组成代表团，对丹麦绿色生态发展之路进行了交流访问与项目考察(图 1-31)。该代表团还于

2019 年 6 月 5 日～8 日在芬兰进行了交流访问（图 1-32）。

图 1-31　丹麦考察交流访问现场

图 1-32　芬兰交流访问现场

2019 年 9 月，"2019 新加坡国际建筑环境周"在新加坡滨海湾金沙国际会展中心盛大召开(图 1-33)，这次国际环境周以"改变我们的建筑模式"为主题，得到了新加坡国家发展部、财政部的大力支持，中国住房和城乡建设部总工程师陈宜民出席了大会开幕式，并与参会的中国代表们进行了亲切交流。

图 1-33   "2019 新加坡国际建筑环境周"现场

1.5   绿色建筑标准科研情况

1.5.1   绿色建筑标准

为完善绿色建筑相关技术标准体系，进一步加强绿色建筑发展的规范性建设，根据工作部署，绿色建筑和建筑产业化协会绿色建筑专业委员会组织参加编写并完成了多部绿色建筑相关标准。

其中，为配合国家绿色建筑指标体系的更新要求，根据重庆市住房和城乡建设委员会的工作要求，绿色建筑和建筑产业化协会绿色建筑专业委员会积极组织开展重庆市《绿色建筑评价标准》的修订工作，历时 4 个月的编写，2019 年 12 月 30 日，重庆市住房和城乡建设委员会组织召开了重庆市《绿色建筑评价标准》专家审查会。重庆市住房和城乡建设委员会设计与绿色建筑发展处董孟能处长出席了会议，重庆市住房和城乡建设委员会科技外事处张林钊、设计与绿色建筑发展处何丹、叶强参加了会议，会议聘请了由南京工业大学吕伟娅教授、重庆博建建筑规划设计有限公司陈航毅教授级高级工程师、中机中联工程有限公司童愚教授级高级工程师、重庆市设计院谭平教授级高级工程师、重庆市建筑科学研究院张京街教授级高级工程师、重庆大学建筑设计研究院姚加飞教授级高级工程师、重庆市建筑科学研究院雷映平教授级高级工程师、重庆市风景园林技工学校先旭东教授级高级工程师、重庆一建建设集团有限公司陈阁琳教授级高级工程师组成的审查专家组，吕伟娅教授和陈航毅教授级高级工程师分别担任审查组组长和副组长，住房和城乡建设委员会科技外事处主持了会议，编制组共计 30 余名专家参加了审查会。经过质询与讨论，专家组认为《绿色建筑评价标准》深化、优化了绿色建筑的性能指标要求，体现了绿色建筑因地制宜的地方特色。《绿色建筑评价标准》的发布实施，将对重庆市建设具有地方特色的高品质绿色建筑具有指导作用，将引领重庆市建筑行业高水平、高质量的发展。在审查会上，审查专家一致同意《绿色建筑评价标准》通过审查，并建议经完善后，上报重庆市住房和城乡建设委员会予以发布。

其他相关标准具体如下。

1. 行业协会标准

■ 协会标准《绿色港口客运站建筑评价标准》（通过审查，待发布）

■ 协会标准《办公建筑室内环境技术标准》（在编）

■ 协会标准《长江流域低能耗居住建筑技术标准》（在编）

■ 协会标准《多参数室内环境监测仪器》（通过审查，待发布）

2. 重庆市相关标准

■ 重庆市《玻化微珠无机保温板建筑保温系统应用技术标准》DBJ50/T-314—2019

■ 重庆市《民用建筑立体绿化应用技术标准》DBJ50/T-313—2019

■ 重庆市《停车场信息联网技术标准》DBJ50/T-316—2019

■ 重庆市《既有民用建筑外门窗节能改造应用技术标准》DBJ50/T-317—2019

■ 重庆市《岩棉板薄抹灰外墙外保温系统应用技术标准》DBJ50/T-315—2019

■ 重庆市《建筑垃圾处置与资源化利用技术标准》DBJ50/T-318—2019

■ 重庆市《增强型水泥基泡沫保温隔声板建筑地面工程应用技术标准》DBJ50/T-330—2019

■ 重庆市《装配式混凝土建筑结构工程施工及质量验收标准》DBJ50/T-192—2019

■ 重庆市《市政配套安装工程施工质量验收标准》DBJ50/T-329—2019

■ 重庆市《地质灾害防治工程设计标准》DBJ50/T-029—2019

■ 重庆市《建筑施工钢管脚手架和模板支撑架选用技术标准》DBJ50/T-334—2019

■ 重庆市《轻质隔墙条板应用技术标准》DBJ50/T-338—2019

■ 重庆市《装配式隔墙应用技术标准》DBJ50/T-337—2019

■ 重庆市《装配式叠合剪力墙结构技术标准》DBJ50/T-339—2019

■ 重庆市《城镇污水处理厂污泥园林绿化用产品质量标准》DBJ50/T-341—2019

■ 重庆市《建筑中水工程技术标准》DBJ50/T-340—2019

■ 重庆市《绿色建筑评价标准》DBJ50/T-066—2020

■ 重庆市《绿色生态住宅(绿色建筑)小区建设技术标准》DBJ50/T-039—2018

■ 重庆市《居住建筑节能 65%(绿色建筑)设计标准》DBJ50-071—2016

■ 重庆市《公共建筑节能(绿色建筑)设计标准》DBJ50-052—2016

1.5.2 课题研究

2019 年以来，重庆市针对西南地区特有的气候、资源、经济和社会发展的不同特点，广泛开展了绿色建筑关键方法和技术的研究开发。

1. 承担国家级科研项目

■ "十三五"国家重点研发计划项目："长江流域建筑供暖空调解决方案和相应系统"（项目编号：2016YFC0700300）

■ "十三五"国家重点研发计划课题："基于能耗限额的建筑室内热环境定量需求及节能技术路径"（课题编号：2016YFC0700301）

■ "十三五"国家重点研发计划课题"建筑室内空气质量运维共性关键技术研究"（课题编号：2017YFC0702704）

■ "十三五"国家重点研发计划课题"既有公共建筑室内物理环境改善关键技术研究与示范"（课题编号：2016YFC0700705）

■ "十三五"国家重点研发计划项目子课题"舒适高效供暖空调统一末端关键技术研究"（子课题编号：2016YFC0700303—2）

■ "十三五"国家重点研发计划项目子课题"建筑热环境营造技术集成方法研究"（子课题编号：2016YFC0700306—3）

■ "十三五"国家重点研发计划项目子课题"绿色建筑立体绿化和地道风技术适应性研究"（子课题编号：2016YFC700103—5）

■ "十三五"国家重点研发计划项目子课题"建筑室内空气质量与能耗的耦合关系研究"（子课题编号：2017YFC0702703—5）

2. 承担地方级科研项目

■ "重庆市公共机构能源监管与运维评估大数据智慧平台"项目
■ "重庆远东百货、江北区行政服务中心附楼等节能改造示范项目"项目
■ "重庆市公共建筑节能改造节能核定"项目
■ "重庆市建筑太阳能热水系统一体化应用事宜技术研究"项目
■ "重庆市既有建筑节能改造技术及产品性能要求"项目
■ "重庆市居住建筑能耗现状调查与节能对策研究"项目

1.6　工作亮点及创新

2019 年，重庆市绿色建筑专业委员会在坚持自身稳定快速发展的同时，积极寻求自我突破与创新，具体表现为以下几个方面：

（1）紧密结合地方建设行政主管部门与建设行业的需求，切实发挥管理、技术各个层

面的支撑作用，实现了行业社会团体作用的有的放矢，促进了地方行业产业的发展。

（2）紧随国家绿色建筑指标体系更新要求，积极组织开展具有地方特色的绿色建筑评价标准修编工作，并于 2019 年完成了重庆市《绿色建筑评价标准》的修订工作。

（3）紧密结合国家科技发展部署，积极参与国家科技研发计划，切实将科研成果予以转化，实现了产、学、研一体化发展的目标。

（4）积极开展国际交流，引进资源扩大合作，实现了绿色建筑发展理念的国际融合。

（5）结合绿色建筑行业信息化建设工作的推进，加强了重庆市绿色建筑在线展示与评价平台，提高了重庆市绿色建筑项目的在线查询速度和绿色建筑标识评价的网络评审速度。

（6）组织梳理典型示范工程、示范技术、推荐性产品，逐步建设完成覆盖各专业领域的重庆市绿色建筑推荐产品技术数据库。

1.7　2020 年工作计划

根据《重庆市住房和城乡建设委员会关于推进绿色建筑高品质高质量发展的意见》（渝建发〔2019〕23 号）要求，重庆市绿色建筑与建筑产业化协会绿色建筑专业委员会将 2020 年的工作目标设定为"提升绿色建筑质量，发展绿色建筑品质"，并计划重点做好以下几个方面工作：

1. 完善标准建设

根据国家标准更新的要求，进一步结合重庆实际情况，认真贯彻执行国家标准，落实新版重庆市《绿色建筑评价标准》的修订和执行工作。

2. 深化标识评审组织

根据渝建发〔2019〕23 号文件要求，结合新版重庆市《绿色建筑评价标准》的执行，逐步完善标识评价工作，进一步加强重庆市绿色建筑标识评审过程的精细化管理，严格遵循评审的技术要求。

3. 全面开展能力建设

开展新版重庆市《绿色建筑评价标准》的技术实施细则的编制，组织评审专家、标识申报单位、设计单位、咨询单位等针对性地开展评价标准的宣传与培训。

4. 构建技术路线，发展示范工程

结合科研活动，继续深入开展适宜建筑节能、绿色建筑的技术分析，构建技术路线，筛选并打造典型示范工程项目。

5. 广泛开展国内外交流

结合西南地区绿色建筑基地的工作，积极开展与中国城市科学研究会绿色建筑委员会、重庆大学低碳绿色建筑国际联合中心等机构的合作，加强绿色建筑的国际化交流与互访。

6. 持续推进绿色建筑行业发展

根据中国城市科学研究会绿色建筑委员会的工作要求，与各成员单位配合，积极推进西南地区绿色建筑基地实质性的发展，推进中国城市科学研究会绿色建筑委员会建筑室内环境学组的建设。

作者：重庆市绿色建筑与建筑产业化协会绿色建筑专业委员会　李百战、丁勇、周雪芹
　　　中冶赛迪工程技术股份有限公司　杨彬、罗延芬

第2章 重庆市绿色建筑2019年度发展情况

2.1 重庆市绿色建筑发展总体情况

2.1.1 强制执行绿色建筑标准项目情况

重庆市各区县城市规划区新建公共建筑自2016年9月起开始强制执行银级(国家一星级)绿色建筑标准——《公共建筑节能(绿色建筑)设计标准》(DBJ50-052—2016),同年12月,主城区新建居住建筑开始强制执行银级绿色建筑标准——《居住建筑节能65%(绿色建筑)设计标准》(DBJ50-071—2016)。根据《重庆市住房和城乡建设委员会关于改进和完善绿色建筑与节能管理工作的意见》(渝建〔2018〕618号),自2019年1月1日起,重庆市主城区行政区域以外的区级人民政府所在地城市规划区内的尚未通过施工图审查的居住建筑项目强制执行《居住建筑节能65%(绿色建筑)设计标准》(DBJ50-071—2016)。

根据报送数据,2019年,全市执行绿色建筑强制性标准项目共计1013个,总面积6841.21万 m²。根据建筑类型分类,居住建筑560个,面积4767.11万 m²;公共建筑453个,面积2074.1万 m²。截至2019年底,全市各地区强制执行绿色建筑标准的项目共计3906个,总面积24109.31万 m²。各地区强制执行绿色建筑标准的项目列表见表2-1,区域分布如图2-1所示。

表2-1 强制执行绿色建筑标准的项目列表

| 区域 | 区(县) | 强制执行绿色建筑标准的项目 | | 详细信息 | | | |
| | | | | 居住建筑 | | 公共建筑 | |
		项目数	项目面积/万 m²	项目数	项目面积/万 m²	项目数	项目面积/万 m²
主城区	市管	63	985.15	27	355.90	36	629.25
	两江新区	166	1528.67	139	1275.15	27	253.52
	巴南区	106	997.03	106	947.85	—	49.18
	北碚区	37	252.12	23	234.20	14	17.92
	沙坪坝区	55	404.59	36	300.51	19	104.08
	南岸区	32	208.58	28	203.03	4	5.55
	大渡口区	33	235.38	19	180.03	14	55.35
	渝北区	21	136.72	12	83.60	9	53.12
	九龙坡区	37	197.55	24	174.71	13	22.84
	高新区	26	112.38	9	70.80	17	41.58
	经济开发区	8	22.67	4	21.16	4	1.51

续表

区域	区(县)	强制执行绿色建筑标准的项目		详细信息			
				居住建筑		公共建筑	
		项目数	项目面积/万 m²	项目数	项目面积/万 m²	项目数	项目面积/万 m²
主城区	江北区	6	45.88	5	45.69	1	0.19
	渝中区	7	14.31	—	—	7	14.31
渝西	荣昌区	24	254.87	11	122.06	13	132.81
	璧山区	37	172.60	17	102.45	20	70.15
	潼南区	16	138.01	11	72.23	5	65.78
	铜梁区	12	14.73	1	1.05	11	13.68
	大足区	17	59.76	8	46.52	9	13.24
	万盛经济开发区	2	1.98	—	—	2	1.98
	合川区	26	171.55	10	86.53	16	85.02
	永川区	7	24.07	2	19.65	5	4.42
	江津区	14	113.68	7	78.46	7	35.22
	双桥经济开发区	1	0.58	—	—	1	0.58
渝东北	忠县	9	9.24	—	—	9	9.24
	丰都	8	14.26	—	—	8	14.26
	万州区	33	131.59	9	65.23	24	66.36
	巫溪	5	4.91	—	—	5	4.91
	石柱	7	3.59	—	—	7	3.59
	奉节	1	3.02	—	—	1	3.02
	巫山	11	7.81	—	—	11	7.81
	开州区	18	37.53	5	25.54	13	11.99
	垫江	2	5.30	—	—	2	5.30
	梁平区	12	68.11	5	49.99	7	18.12
	城口	—	—	—	—	—	—
	云阳	7	5.16	—	—	7	5.16
渝东南	涪陵区	33	88.35	15	36.98	18	51.37
	长寿区	33	55.21	7	32.16	26	23.05
	綦江区	18	51.38	6	27.94	12	23.44
	黔江区	6	34.77	3	22.09	3	12.68
	彭水	14	6.74	—	—	14	6.74
	秀山	9	13.36	—	—	9	13.36
	武隆区	5	23.14	1	1.37	4	21.77
	酉阳	15	15.98	—	—	15	15.98
	南川区	14	168.90	10	84.23	4	84.67
合计		1013	6841.21	560	4767.11	453	2074.1

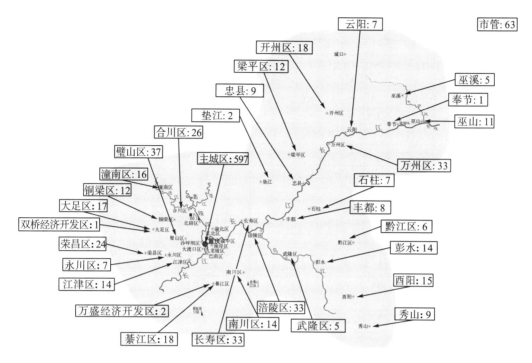

图 2-1　强制执行绿色建筑标准的项目的区域分布图

2.1.2　绿色建筑评价标识项目情况

2019 年，重庆市绿色建筑与建筑产业化协会绿色建筑专业委员会通过绿色建筑评价标识认证的项目共计 44 个，总建筑面积 937.72 万 m^2，其中，公共建筑项目 7 个，总建筑面积 92.21 万 m^2，包括铂金级项目 2 个，总建筑面积 50.67 万 m^2，金级项目 3 个，总建筑面积 17.4 万 m^2，银级项目 2 个，总建筑面积 24.14 万 m^2；居民建筑项目 37 个，总建筑面积 845.51 万 m^2，包括金级项目 33 个，总建筑面积 759.25 万 m^2，银级项目 4 个，总建筑面积 86.26 万 m^2。详细情况见表 2-2，各项目的区域分布情况如图 2-2 所示。

表 2-2　2019 年度已完成评审的绿色建筑评价标识项目统计

评价等级	项目名称	建设单位	评审时间
铂金级	全球研发中心建设项目部分 A(一期)——办公楼	重庆长安汽车股份有限公司	2019.3.19
铂金级	化龙桥片区 B11-1/02 地块超高层(二期)	重庆瑞安天地房地产发展有限公司	2019.12.9
金级	俊豪城(西区)(居住建筑部分)	重庆璧晖实业有限公司	2019.1.7
金级	林语春风(M01-4、M02-2 地块)建设工程	重庆康甬置业有限公司	2019.1.10
金级	金科·博翠天悦	重庆市璧山区金科众玺置业有限公司	2019.1.15
金级	锦嘉国际大厦	重庆成大置业有限公司	2019.1.16
金级	龙湖中央公园项目(F125-1 地块)	重庆龙湖煦筑房地产开发有限公司	2019.1.24
金级	万科金域蓝湾(N19-2-1/02 地块)	重庆勇拓置业有限公司	2019.1.25

评价等级	项目名称	建设单位	评审时间
金级	金科·天壹府一期	重庆金帛藏房地产开发有限公司	2019.1.25
金级	万科沙坪坝区沙坪坝坝组团 B 分区 B12/02 号宗地项目	重庆峰畔置业有限公司	2019.2.21
金级	盛资尹朝社项目一期（大杨石 N02-4-1、N02-4-2 地块）（居住建筑部分）	重庆盛资房地产开发有限公司	2019.2.21
金级	万科蔡家项目 M14/03 地块	重庆星畔置业有限公司	2019.2.22
金级	金科天宸二期 L48-5/04、L32-1/03 地块	重庆金科宏瑞房地产开发有限公司	2019.2.28
金级	盛泰礼嘉（A29-3 号地块、A37-5-1 号地块）（居住建筑）	重庆华宇盛泰房地产开发有限公司	2019.3.11
金级	两江新区悦来组团 C 分区望江府项目（C41/05、C39-3/05、C48/05、C58-1/06 地块）（居住建筑）	重庆碧桂园融创弘进置业有限公司	2019.3.11
金级	洺悦府	重庆泛悦房地产开发有限公司	2019.3.12
金级	北京城建·龙樾生态城（C30-2/06 地块）	北京城建重庆地产有限公司	2019.3.13
金级	融创中航项目（E15-01/01 号地块）（居住建筑部分）	重庆两江新区新亚航实业有限公司	2019.3.13
金级	重庆万科蔡家项目 M36-02/04 地块	重庆星畔置业有限公司	2019.3.14
金级	启迪协信·星麓原二期 N06-1/03 地块	重庆远沛房地产开发有限公司	2019.3.14
金级	金科·中央华府东区（居住建筑部分）	重庆金科亿佳房地产开发有限公司	2019.3.22
金级	久桓·中央美地（居住建筑部分）	重庆市璧山区久桓置业有限公司	2019.3.25
金级	千年重庆·茅莱山居（住宅）11～15 号楼、30～34 号楼、37～40 号楼、42～58 号楼及地下车库	重庆普罗旺斯房地产开发有限责任公司	2019.4.3
金级	金科天元道（一期）（023-5、035-4/03 地块）	重庆市金科实业集团弘景房地产开发有限公司	2019.4.3
金级	珠江城 DEF 区项目（EF 区）	重庆汇景实业有限公司	2019.4.4
金级	重庆照母山 G4-1/02 地块（四期住宅部分）	重庆业晋房地产开发有限公司	2019.4.4
金级	金科天元道（二期）020-6、020-8 号地块	重庆金科竹宸置业有限公司	2019.4.9
金级	金科云玺台一、二期	重庆市金科骏耀房地产开发有限公司	2019.4.23
金级	泽恺·半岛北岸	重庆泽恺实业有限公司	2019.5.15
金级	涪陵高山湾综合客运换乘枢纽及附属配套设施工程 EPC	重庆市涪陵交通旅游建设投资集团有限公司	2019.5.27
金级	万科·金域华府	重庆金域置业有限公司	2019.5.31
金级	金辉城三期一标段（居住建筑部分）	重庆金辉长江房地产有限公司	2019.6.3
金级	界石组团 N 分区 N12/02 地块项目（居住建筑部分）	重庆金嘉海房地产开发有限公司	2019.11.1
金级	金科观澜（一期）	重庆市金科骏凯房地产开发有限公司	2019.11.14
金级	珠江城 DEF 区项目（EF 区）（竣工）	重庆汇景实业有限公司	2019.12.3
金级	茶园 B44-2	重庆康田米源房地产开发有限公司	2019.12.10
金级	万科蔡家 N 分区项目 N19-4/02、N18-1/03、N18-4/02 地块	重庆嘉畔置业有限公司	2019.12.18
金级	两江御座	重庆市荣渝房地产开发有限公司	2019.12.19

续表

评价等级	项目名称	建设单位	评审时间
银级	重庆綦江万达广场	重庆綦江万达广场置业有限公司,北京清华同衡规划设计研究院有限公司,重庆万达广场商业管理有限公司綦江分公司	2019.3.5
银级	北碚万达广场	重庆北碚万达广场置业有限公司,北京清华同衡规划设计研究院有限公司,重庆万达广场商业管理有限公司北碚分公司	2019.3.5
银级	鲁能领秀城一街区	重庆江津鲁能领秀城开发有限公司	2019.3.15
银级	金科·中央公园城五期 B18-01/01 地块	重庆市璧山区金科众玺置业有限公司	2019.3.20
银级	中国铁建·东林道一期工程	重庆铁发地产开发有限公司	2019.3.27
银级	重庆白鹭湾璧山项目 BS-1J-287 号宗地(居住建筑部分)	重庆嘉富房地产开发有限公司	2019.12.09

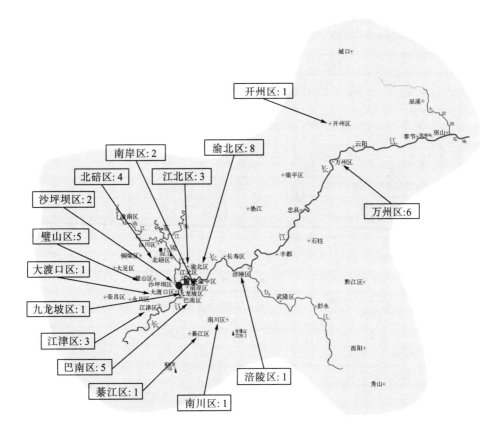

图 2-2　2019 年度已完成评审的绿色建筑评价标识项目区域分布图

2.1.3　绿色生态小区标识项目情况

2019 年,重庆市授予绿色生态住宅(绿色建筑)小区评价项目 102 个,总建筑面积 1990.43 万 m²。这些项目按标识阶段分类,包括设计评价项目 49 个,建筑面积 869.58 万 m²;竣工评价(终评审)项目 53 个(包括竣工标识项目 45 个,绿色生态小区称号项目 8 个),建筑面积 1120.85 万 m²。全市 2019 年度已完成评审的绿色生态小区评价标识项目统计见表 2-3,区域分布情况如图 2-3 所示。截至 2019 年底,全市绿色生态住宅小区设计评价(预评审)项目共计 420 个,面积 10055.84 万 m²;绿色生态住宅小区竣工评价(终评审)项目共计 216 个,面积 4866.11 万 m²。

表 2-3　2019 年度已完成评审的绿色生态小区评价标识项目统计

序号	项目名称	建设单位	建筑面积/m²	标识类型
授予设计标识项目 49 个,总面积 869.58 万 m²				
1	龙湖礼嘉新项目四期 A63-2 地块	重庆龙湖科恒地产发展有限公司	316450.99	设计标识
2	融信龙洲府	重庆融永房地产开发有限公司	328836.58	设计标识
3	碧桂园·翡翠湾项目(二、四、五期)	重庆市永川区碧桂园房地产开发有限公司	58284.06	设计标识
4	泽恺·半岛北岸	重庆泽恺实业有限公司	291236.00	设计标识
5	彭水新嶺域项目二期	重庆建工新城置业有限公司	109469.33	设计标识
6	光华·安纳溪湖 C 组团一期	重庆华颂房地产开发有限公司	163383.25	设计标识
7	亲水台小区	重庆恒森实业集团有限公司	215910.14	设计标识
8	云熙台小区(一期)	重庆恒森实业集团有限公司	298583.99	设计标识
9	荣盛滨江华府一期(L5-1/03、L6-1/03 地块)	重庆荣盛鑫煜房地产开发有限公司	242338.49	设计标识
10	金碧辉公司 66 号地块(G21-1/03 地块)	重庆金碧辉房地产开发有限公司	132602.64	设计标识
11	光锦界石 106 亩项目(T12-4/02、T12-5/03 地块)	重庆光锦房地产开发有限公司	224224.76	设计标识
12	海棠国际二期二组团、三期二组团	重庆国兴棠城置业有限公司	258196.85	设计标识
13	南岸区茶园组团B分区 B36/03 宗地项目	重庆信创置业有限公司	114670.42	设计标识
14	金辉城三期二标段	重庆金辉长江房地产有限公司	90515.20	设计标识
15	潼南·紫雲府	重庆市潼南区辰龙房地产开发有限公司	326347.70	设计标识
16	海棠香国历史文化风情城 4 号地块	重庆泽京实业发展(集团)有限公司	204098.02	设计标识
17	碧桂园龙兴国际生态城(H34-1/02 地块)	重庆市碧嘉逸房地产开发有限公司	60974.09	设计标识
18	鑫沃·世纪城(二期)(不含 28 号楼)	彭水鑫沃置业有限公司	160929.13	设计标识
19	中华奥城三期	重庆市顺庆置业有限公司	143256.11	设计标识
20	龙湖礼嘉新项目五期 A63-2 地块	重庆龙湖科恒地产发展有限公司	208953.42	设计标识
21	龙湖礼嘉核心区 A37-4/05 地块	重庆龙湖宜祥地产发展有限公司	78393.23	设计标识
22	龙湖礼嘉核心区 A40-4/05 地块	重庆龙湖宜祥地产发展有限公司	53398.09	设计标识

续表

序号	项目名称	建设单位	建筑面积/m²	标识类型
23	中南玖宸项目一期	重庆锦腾房地产开发有限公司	182956.93	设计标识
24	重庆两江新区两路组团 C 分区 C133-103、C121-303 等宗地(C122-1 地块、C135-1 地块)	重庆央鼎置业有限公司	109929.42	设计标识
25	西永组团 W13-1 地块(龙湖科技学院项目 1 号地块 4 组团)	重庆龙湖拓骏地产发展有限公司	217165.97	设计标识
26	西永组团 W14-1 地块(龙湖科技学院项目 2 号地块)	重庆龙湖拓骏地产发展有限公司	104959.59	设计标识
27	首创茶园 B37 号地块项目	重庆首瀚置业有限公司	210879.97	设计标识
28	金科·集美文苑	重庆金科景绎房地产开发有限公司	211204.44	设计标识
29	集美东方	重庆文乾房地产开发有限公司	333565.23	设计标识
30	万科中央公园两路组团 C 分区 C127、C120、C119-1-03 地块项目	重庆万翠置业有限公司	170651.35	设计标识
31	阳光城翡丽云邸	重庆市綦江区煦江房地产开发有限公司	245266.99	设计标识
32	龙湖中央公园项目(F126-1 地块)	重庆龙湖煦筑房地产开发有限公司	133858.17	设计标识
33	金科·礼悦东方小区(A 地块)	重庆市金顺盛房地产开发有限公司	462476.14	设计标识
34	界石组团 N 分区 N07/03 地块	重庆锦岈置业有限公司	258710.52	设计标识
35	渝锦悦鹿角 194 亩项目(M41/02 地块及幼儿园)	重庆渝锦悦房地产开发有限公司	114859.63	设计标识
36	龙湖龙兴核心区 H76/01、H77/01 地块	重庆两江新区龙湖新御置业发展有限公司	140231.63	设计标识
37	龙湖龙兴项目(H63-1 号地块)	重庆两江新区龙湖新御置业发展有限公司	60494.15	设计标识
38	金科悦湖名门	重庆市金科骏耀房地产开发有限公司	81490.03	设计标识
39	雍景台	重庆骏功房地产开发有限公司	282150.39	设计标识
40	重庆怡置新辰大竹林 O 区 O01-4/05、O01-1/05、O01-2/05 号地块建设项目(O01-1 号地块)	重庆怡置新辰房地产开发有限公司	180256.92	设计标识
41	重庆龙湖怡置新大竹林项目(二期二组团)	重庆龙湖怡置地产开发有限公司	102672.58	设计标识
42	两江新区悦来组团 C 分区望江府(C45-1/06 地块)	重庆碧桂园融创弘进置业有限公司	81743.37	设计标识
43	集美江畔	重庆江骏房地产开发有限公司	293960.27	设计标识
44	中南玖宸项目二期(M09-01/04 地块)	重庆锦腾房地产开发有限公司	99598.07	设计标识
45	两江新区悦来组团 C 分区望江府(C46/06 地块)	重庆碧桂园融创弘进置业有限公司	50009.61	设计标识
46	重庆龙湖壁山项目一期(2-7 地块)	重庆龙湖卓健房地产开发有限责任公司	247572.45	设计标识
47	龙湖龙兴项目(H58-1 地块)	重庆两江新区龙湖新御置业发展有限公司	78746.59	设计标识
48	龙湖礼嘉核心区(A40-1 地块)	重庆龙湖宜祥地产发展有限公司	76870.06	设计标识
49	龙湖中央公园项目(F127-1 地块)	重庆龙湖煦筑房地产开发有限公司	82424.68	设计标识
授予竣工标识项目 45 个，总面积 743.23 万 m²				
1	昕晖依云小镇	重庆旭亿置业有限公司	64282.31	竣工标识
2	金科天宸二期 L32-1/03、L48-5/04 地块	重庆金科宏瑞房地产开发有限公司	268921.5	竣工标识

序号	项目名称	建设单位	建筑面积/m²	标识类型
3	金科·中央华府东区	重庆金科亿佳房地产开发有限公司	132144.87	竣工标识
4	昕晖·香缇时光 B 组团(一期)	重庆旭亿置业有限公司	125859.84	竣工标识
5	金科·天湖印(D-03-01 地块)	重庆市金科骏耀房地产开发有限公司	53818.05	竣工标识
6	光华·安纳溪湖 B 区一组团	重庆华颂房地产开发有限公司	35071.21	竣工标识
7	金科蔡家 M 分区项目(M52-1 号地块)	重庆金佳禾房地产开发有限公司	59712.99	竣工标识
8	重庆照母山三期一组团、三期二组团、四期	重庆业晋房地产开发有限公司	685212.92	竣工标识
9	西永组团 W15-1 地块(龙湖科技学院项目 3 号地块)	重庆龙湖拓骏地产发展有限公司	52014.70	竣工标识
10	龙湖西永核心区项目(L39-6/04、L39-7/04)	重庆龙湖景铭地产发展有限公司	129747.17	竣工标识
11	重庆龙湖怡置新大竹林项目一期(O22-8 地块)	重庆龙湖怡置地产开发有限公司	235113.85	竣工标识
12	重庆龙湖怡置新大竹林项目一期(O03-2、O02-4 地块)	重庆龙湖怡置地产开发有限公司	95225.02	竣工标识
13	两江新区悦来组团 C 分区望江府一期(C50/05、C51/05 地块)	重庆碧桂园融创弘进置业有限公司	52287.11	竣工标识
14	重庆龙湖创佑九曲河项目(一期 1 组团 F06-12 地块)	重庆龙湖创佑地产发展有限公司	107886.19	竣工标识
15	重庆龙湖创佑九曲河项目(一期 2 组团 F06-1 地块)	重庆龙湖创佑地产发展有限公司	122820.35	竣工标识
16	昕晖·香缇时光 B 组团(二期)	重庆旭亿置业有限公司	141717.5	竣工标识
17	金科·天元道(二期)O20-6、O20-8 号地块	重庆金科竹宸置业有限公司	205921	竣工标识
18	金科·云玺台一二期	重庆市金科骏耀房地产开发有限公司	361653.48	竣工标识
19	万科蔡家项目 M14/03 地块	重庆星畔置业有限公司	135665.24	竣工标识
20	金科观澜(一期)项目	重庆市金科骏凯房地产开发有限公司	387860.85	竣工标识
21	金科星辰三期	重庆奥珈置业有限公司	67336.65	竣工标识
22	旭原创展大竹林 O8-07/02 地块项目	重庆旭原创展房地产开发有限公司	108962.62	竣工标识
23	置铖御府二期	重庆置铖蓝鹏房地产开发有限公司	190473.27	竣工标识
24	金科蔡家 M 分区项目(M44-01/04 号地块)	重庆金佳禾房地产开发有限公司	53837.95	竣工标识
25	西永组团 L21-1-1/05 地块(龙湖西永核心区项目)	重庆龙湖景铭地产发展有限公司	71403.35	竣工标识
26	金科天元道项目(一期)(O23-5、O23-10、O35-4/03 地块)	重庆市金科实业集团弘景房地产开发有限公司	348533.65	竣工标识
27	保利云禧项目 Q22-1 号地块	重庆保南房地产开发有限公司	139366.18	竣工标识
28	金科御临河一期(H33-4/01 地块)	重庆中讯物业发展有限公司	42956.58	竣工标识
29	金科·集美嘉悦一期(M08/04)地块	重庆金科汇茂地产开发游戏公司	259597.91	竣工标识
30	珠江城 DEF 区项目(EF 区)	重庆汇景实业有限公司	149370.85	竣工标识
31	中交·锦悦(暂定名)Q08-2/04 地块	重庆中交置业有限公司	172435.34	竣工标识

续表

序号	项目名称	建设单位	建筑面积/m²	标识类型
32	F1-9-2 地块盛尊大渡口项目	重庆盛尊房地产开发有限公司	136190.93	竣工标识
33	重庆龙湖怡置新大竹林项目一期 O22-7 地块	重庆龙湖怡置地产开发有限公司	193406.26	竣工标识
34	西永组团 W13-1 地块（龙湖科技学院项目 1 号地块 5 组团）	重庆龙湖拓骏地产发展有限公司	82460.41	竣工标识
35	金科蔡家项目 M05-02/06 地块	重庆金科汇茂房地产开发有限公司	295885.71	竣工标识
36	重庆龙湖创安照母山项目（G16 号地块）	重庆龙湖创安地产发展有限公司	284803.38	竣工标识
37	南川金科世界城二期	重庆金科金裕房地产开发有限公司	149293.04	竣工标识
38	金科天元道（一期）（O23-1 地块）	重庆市金科实业集团弘景房地产开发有限公司	57269.15	竣工标识
39	彭水新嶺域一期（8 号、9 号、13～20 号及地下车库）	重庆建工新城置业有限公司	122184.17	竣工标识
40	两江新区悦来组团 C 分区望江府项目（C58-1/06 地块、一期 C48/05 地块 A 区）	重庆碧桂园融创弘进置业有限公司	88857.75	竣工标识
41	龙湖礼嘉新项目 A65-1/04、A66-1/04 地块，A68-1/03、A69-1/04 西侧地块	重庆龙湖科恒地产发展有限公司	310137.98	竣工标识
42	龙湖礼嘉新项目三期 A65-2/04、A66-2/04、A64-1/05 地块	重庆龙湖科恒地产发展有限公司	225035.33	竣工标识
43	龙湖礼嘉新项目 A62-4/03 地块	重庆龙湖科恒地产发展有限公司	102822.26	竣工标识
44	龙湖礼嘉核心区项目（A57-2/05）	重庆龙湖宜祥地产发展有限公司	194483.36	竣工标识
45	龙湖礼嘉核心区项目（A58-1/05 地块）	重庆龙湖宜祥地产发展有限公司	261991.89	竣工标识
授予绿色生态小区称号项目 8 个，总面积 377.62 万 m²				
1	南川金科世界城一期二批次	重庆金科金裕房地产开发有限公司	184259.69	生态小区称号
2	润庆·景秀江山一期	重庆润庆置业有限公司	225434.16	生态小区称号
3	龙湖礼嘉新项目一期（A67-1、A67-2、A67-3、A68-2/69-1 东侧地块）、二期（A64-2、A65-3、A66-3 地块）	重庆龙湖科恒地产发展有限公司	705155.62	生态小区称号
4	璧山金科中央公园城二期	重庆市璧山区金科众玺置业有限公司	74990.59	生态小区称号
5	金科·中央公园城五期	重庆市璧山区金科众玺置业有限公司	431813.95	生态小区称号
6	金科·中央公园城项目（江津）	重庆市江津区金科国竣置业有限公司	811274.69	生态小区称号
7	荣昌区金科·世界城项目	重庆市金科昌锦置业有限公司	952803.35	生态小区称号
8	金科·世界城（江津）	重庆市江津区金科国竣置业有限公司	390427.65	生态小区称号

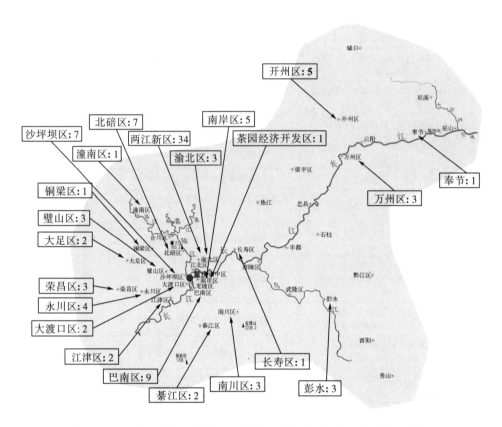

图 2-3   2019 年度已完成评审的绿色生态小区评价标识项目区域分布图

2.2   重庆市绿色建筑项目咨询能力建设分析

2.2.1   咨询单位情况简表

重庆市绿色建筑评价标识工作自 2011 年开始以来，申报项目共 214 个，其中 195 个项目得到了标识认证。申报项目按评价等级不同，可分为 11 个铂金级项目、151 个金级项目、52 个银级项目；按评价阶段不同，可分为 178 个设计阶段项目、27 个竣工阶段项目、9 个运行阶段项目；按建筑类型不同，可分为公共建筑 76 个、居住建筑 138 个。具体见表 2-4。

表 2-4　重庆市绿色建筑标识申报项目　　　　　　单位：个

序号	咨询单位	总项目数量	评价等级			评价阶段		
			铂金级	金级	银级	设计	竣工	运行
1	中机中联工程有限公司	47	3	31	13	40	7	—
2	重庆博诺圣科技发展有限公司	24	—	21	3	17	5	2
3	重庆市建设技术发展中心	8	—	3	5	6	1	1
4	重庆星能建筑节能技术发展有限公司	12	—	11	1	9	3	—
5	中冶赛迪工程技术股份有限公司	7	1	6	—	4	1	2
6	重庆市斯励博工程咨询有限公司	20	—	18	2	18	2	—
7	重庆大学	7	1	5	1	3	4	
8	重庆市绿色建筑技术促进中心	6	—	—	6	6	—	
9	重庆市设计院	8	4	4	—	8		
10	中国建筑技术集团有限公司重庆分公司	4	—	—	4	4		
11	重庆市盛绘建筑节能科技发展有限公司	3	—	1	2	3		
12	重庆市建筑节能协会	3	—	3	—	2	1	
13	重庆绿能和建筑节能技术有限公司	8	—	7	1	7	1	
14	重庆海润节能研究院	2	—	2	—	2		
15	君凯环境管理咨询(上海)有限公司	2	—	1	1	2		
16	重庆市建筑科学研究院	2	—	2	—	1	1	
17	重庆佰路建筑科技发展有限公司	2	—	1	1	2		
18	深圳市建筑科学研究院股份有限公司	2	—	—	2	2		
19	华东建筑设计研究院有限公司技术中心	1	—	1	—	1		
20	重庆康穆建筑设计顾问有限公司	1	—	1	—	1		
21	重庆市勘察设计协会	1	—	1	—	1		
22	重庆升源兴建筑科技有限公司	7	—	7	—	7		
23	重庆绿航建筑科技有限公司	2	—	2	—	2		
24	重庆伟扬建筑节能技术咨询有限公司	1	—	—	1	1		
25	重庆灿辉科技发展有限公司	6	—	6	—	6		
26	重庆九格智建筑科技有限公司	3	—	2	1	3		
27	重庆市建标工程技术有限公司	3	1	2	—	3		
28	重庆绿创建筑技术咨询有限公司	3	—	3	—	3		
29	重庆景瑞宝成建筑科技有限公司	2	—	2	—	2		
30	重庆市钤创建筑设计咨询有限公司	1	—	—	1	1		
31	北京清华同衡规划设计研究院有限公司	4	—	—	4	—		4
32	重庆科恒建材集团有限公司	6	—	6	—	5	1	—
33	中煤科工重庆设计研究院(集团)有限公司	3	1	1	1	3		
34	重庆东裕恒建筑技术咨询有限公司	1	—	1	—	1		
35	重庆绿目建筑咨询有限公司	1	—	—	1	1		
36	重庆迪赛因建设工程设计有限公司	1	—	—	1	1		

2.2.2 咨询单位执行情况统计

根据重庆市绿色建筑与建筑产业化协会绿色建筑专业委员会对参与重庆市绿色建筑评价咨询单位的信息统计，2019 年度，共有 20 个绿色建筑咨询单位参与了绿色建筑技术咨询工作，共组织评审通过了 44 个绿色建筑项目。这些项目按评价类型分包括 7 个公共建筑，37 个居民建筑；按评价等级分包括 2 个铂金级项目，35 个金级项目，6 个银级项目；按评价阶段分包括 33 个设计阶段项目，8 个竣工阶段项目，3 个运行阶段项目。具体项目实施情况见表 2-5。

表 2-5　2019 年度各咨询单位咨询项目实施情况　　　　　　　单位：个

序号	咨询单位	项目数量	评价等级			评价阶段		
			铂金级	金级	银级	设计	竣工	运行
1	重庆市斯励博工程咨询有限公司	9	—	9	—	7	2	—
2	中机中联工程有限公司	6	1	5	—	4	2	—
3	重庆科恒建材集团有限公司	5	—	5	—	4	1	—
4	北京清华同衡规划设计研究院有限公司	2	—	—	2	—	—	2
5	重庆灿辉科技发展有限公司	2	—	2	—	2	—	—
6	重庆博诺圣科技发展有限公司	2	—	2	—	—	1	1
7	重庆绿能和建筑节能技术有限公司	2	—	2	—	1	1	—
8	重庆市建标工程技术有限公司	2	—	2	—	2	—	—
9	重庆升源兴建筑科技有限公司	2	—	2	—	2	—	—
10	重庆九格智建筑科技有限公司	2	—	1	1	2	—	—
11	重庆绿航建筑科技有限公司	1	—	1	—	1	—	—
12	重庆绿创建筑技术咨询有限公司	1	—	1	—	1	—	—
13	重庆景瑞宝成建筑科技有限公司	1	—	1	—	1	—	—
14	重庆星能建筑节能技术发展有限公司	1	—	—	—	1	—	—
15	重庆绿目建筑咨询有限公司	1	—	—	1	1	—	—
16	中冶赛迪工程技术股份有限公司	1	1	—	—	1	—	—
17	中煤科工重庆设计研究院(集团)有限公司	1	—	—	1	1	—	—
18	重庆市设计院	1	—	1	—	1	—	—
19	重庆市绿色建筑技术促进中心	1	—	—	1	1	—	—
20	重庆大学	1	—	1	—	—	—	1

2.2.3　绿色生态住宅小区评价项目汇总统计

2019 年，共 18 家咨询机构对 102 个绿色生态住宅(绿色建筑)小区项目评价进行了咨询。在咨询单位完成数量方面，中煤科工重庆设计研究院(集团)有限公司、中机中联工程有限公司、重庆市斯励博工程咨询有限公司位居前三位，具体情况见表 2-6。

表 2-6　2019 年度咨询单位完成绿色生态住宅(绿色建筑)小区项目数量统计情况　单位：个

序号	咨询单位	总项目数量	评价阶段		
			设计	竣工	运行
1	中煤科工重庆设计研究院(集团)有限公司	23	11	12	—
2	中机中联工程有限公司	19	8	11	—
3	重庆市斯励博工程咨询有限公司	12	5	7	—
4	重庆绿能和建筑节能技术有限公司	8	4	4	—
5	重庆佳良建筑设计咨询有限公司	6	1	5	—
6	重庆绿目建筑咨询有限公司	5	—	5	—
7	重庆市建标工程技术有限公司	5	3	2	—
8	重庆绿航建筑科技有限公司	4	4	—	—
9	重庆升源兴建筑科技有限公司	3	3		—
10	重庆隆杰盛建筑节能技术有限公司	3	1	2	—
11	重庆伊科乐建筑节能技术有限公司	3	3	—	—
12	重庆博诺圣科技发展有限公司	3	1	2	—
13	重庆星能建筑节能技术发展有限公司	2	1	1	—
14	重庆科恒建材集团有限公司	2	1	1	—
15	重庆市天开建筑设计事务所有限责任公司	1	1	—	—
16	重庆朗卡节能环保技术有限公司	1	1	—	—
17	重庆绿创建筑技术咨询有限公司	1	—	1	—
18	重庆佰路建筑科技发展有限公司	1	1	—	—

2.3　重庆市绿色建筑项目技术增量分析

本次主要对各项目涉及的技术增量表现、评审项目技术投资增量数据进行统计和分析。各数据信息来源于项目的自评估报告，根据统计梳理，各项目主要技术应用的频次统计见表 2-7。

表 2-7　项目主要技术应用的频次统计

技术类型	技术名称	应用频次	建筑类型	2019 年完成	2018 年完成	2017 年完成	2016 年完成	对应等级
专项费用	绿建专项设计与咨询	3	3 公共建筑	—	—	1 金级	2 金级	3 金级
	雨水专项设计	1	公共建筑	—	1 金级	—	—	1 金级
	模拟分析	1	居住建筑	—	—	1 金级	—	1 金级
	碳排放计算	1	公共建筑	—	—	1 铂金级	—	1 铂金级
	BIM 设计	4	4 公共建筑	1 铂金级	1 铂金级	2 铂金级	—	4 铂金级
	雨水收集利用系统	79	11 公共建筑 68 居住建筑	3 铂金级 33 金级	1 铂金级 14 金级	1 铂金级 15 金级 2 银级	9 金级 1 银级	5 铂金级 71 金级 3 银级
	灌溉系统	65	11 公共建筑 54 居住建筑	3 铂金级 14 金级 1 银级	3 铂金级 13 金级	3 铂金级 15 金级 4 银级	7 金级 2 银级	9 铂金级 49 金级 7 银级
	循环洗车台	1	公共建筑	—	—	—	1 银级	1 银级
	用水计量水表	2	1 公共建筑 1 居住建筑	1 金级	—	1 金级	—	2 金级
	雨水中水利用	5	2 公共建筑 3 居住建筑	1 银级	1 铂金级 2 金级	1 金级	—	1 铂金级 3 金级 1 银级
	节水器具	25	13 公共建筑 12 居住建筑	1 铂金级 3 金级 2 银级	2 铂金级 3 金级	2 铂金级 6 金级 2 银级	3 金级 2 银级	5 铂金级 15 金级 6 银级
	餐厨垃圾生化处理系统	1	居住建筑	—	1 铂金级			1 铂金级
	建筑 BAS	6	2 公共建筑 4 居住建筑	1 铂金级 2 金级	1 铂金级 2 金级	—	—	2 铂金级 4 金级
	绿色性能指标检测	2	1 公共建筑 1 居住建筑	1 银级	1 铂金级	—	—	1 铂金级 1 银级
	高压水枪	25	25 居住建筑	1 铂金级 21 金级	3 金级	—	—	1 铂金级 24 金级
	车库隔油池	21	21 居住建筑	1 铂金级 15 金级	2 金级	2 金级 1 银级	—	1 铂金级 19 金级 1 银级
电气	节能照明	41	5 公共建筑 36 居住建筑	3 铂金级 18 金级 1 银级	1 铂金级 3 金级	1 铂金级 7 金级 1 银级	5 金级 1 银级	5 铂金级 33 金级 3 银级
	电扶梯节能控制措施	33	4 公共建筑 29 居住建筑	3 铂金级 16 金级	6 金级	3 金级 1 银级	3 金级 1 银级	3 铂金级 28 金级 2 银级
	高效节能灯具	30	8 公共建筑 22 居住建筑	1 铂金级 8 金级	7 金级	1 铂金级 5 金级 1 银级	5 金级 2 银级	2 铂金级 25 金级 3 银级
	智能化系统	22	8 公共建筑 14 居住建筑	2 铂金级 12 金级	—	2 金级 1 银级	4 金级 1 银级	2 铂金级 18 金级 2 银级

续表

技术类型	技术名称	应用频次	建筑类型	2019 年完成	2018 年完成	2017 年完成	2016 年完成	对应等级
	照明目标值设计	3	1 公共建筑 2 居住建筑	—	—	2 金级	1 金级	3 金级
	选用节能设备	24	3 公共建筑 21 居住建筑	1 铂金级 1 金级	—	1 铂金级 10 金级 2 银级	5 金级 4 银级	2 铂金级 16 金级 6 银级
	能源管理平台	1	公共建筑	—	—	1 铂金级	—	1 铂金级
	太阳光伏发电	2	2 公共建筑	—	1 铂金级	1 铂金级	—	2 铂金级
	建筑设备监控系统	1	公共建筑	—	—	1 铂金级	—	1 铂金级
	建筑能效监控系统	1	公共建筑	—	—	1 铂金级	—	1 铂金级
	信息发布平台	11	11 居住建筑	8 金级	1 金级	2 金级	—	11 金级
	设备视频车位探测器	3	3 公共建筑	1 金级	—	1 铂金级 1 金级	—	1 铂金级 2 金级
	反向寻车找车机	2	2 公共建筑	1 金级	—	1 金级	—	2 金级
	导光筒	1	公共建筑	—	1 金级	—	—	1 金级
	节能变压器	30	30 居住建筑	2 铂金级 20 金级	8 金级	—	—	2 铂金级 28 金级
	家居安防系统	3	3 居住建筑	—	1 金级	2 金级	—	3 金级
暖通空调	空调新风全热交换技术	5	3 公共建筑 2 居住建筑	—	—	2 金级	3 金级	5 金级
	窗/墙式通风器	51	1 公共建筑 50 居住建筑	2 铂金级 23 金级	6 金级	6 金级 6 银级	7 金级 1 银级	2 铂金级 42 金级 7 银级
	排风热回收	3	3 公共建筑	1 金级	—	2 金级	—	3 金级
	水蓄冷系统	1	公共建筑	—	—	1 金级	—	1 金级
	江水源热泵系统	3	3 公共建筑	1 金级	—	1 金级	1 金级	3 金级
	高能效冷热源输配系统	4	3 公共建筑 1 居住建筑	—	1 铂金级	1 铂金级	1 金级 1 银级	2 铂金级 1 金级 1 银级
	地源热泵系统	2	2 公共建筑	—	—	2 铂金级	—	2 铂金级
	户式新风系统	16	16 居住建筑	4 金级	7 金级	5 金级	—	16 金级
	高能效空调机组	1	公共建筑	—	1 铂金级	—	—	1 铂金级
	高效燃气地暖炉	1	居住建筑	—	1 铂金级	—	—	1 铂金级
	双速风机	1	居住建筑	—	1 金级	—	—	1 金级
	风机盘管	2	2 公共建筑	1 金级	—	1 金级	—	2 金级
景观绿化	绿化遮阴	11	11 居住建筑	1 铂金级 2 金级	1 金级	5 金级 1 银级	1 银级	1 铂金级 8 金级 2 银级
	活动外遮阳	4	3 公共建筑 1 居住建筑	1 金级	—	1 金级	1 金级 1 银级	3 金级 1 银级

续表

技术类型	技术名称	应用频次	建筑类型	2019年完成	2018年完成	2017年完成	2016年完成	对应等级
	屋顶绿化	8	5 公共建筑 3 居住建筑	1 金级 1 银级	—	3 金级	3 金级	7 金级 1 银级
	透明部分可调外遮阳	1	公共建筑	—	1 铂金级	—	—	1 铂金级
	室外透水铺装	53	4 公共建筑 48 居住建筑 1 工业建筑	3 铂金级 23 金级	11 金级 1 银级	6 金级 3 银级	5 金级 1 银级	3 铂金级 45 金级 5 银级
建筑规划	外窗开启面积	7	7 居住建筑	1 金级	1 金级	4 金级	1 银级	6 金级 1 银级
	幕墙保温隔热	4	3 公共建筑 1 居住建筑	1 银级		1 铂金级 2 金级		1 铂金级 2 金级 1 银级
	三层幕墙	2	2 公共建筑	—	—	2 金级		2 金级
	高反射内遮阳	1	公共建筑			1 铂金级		1 铂金级
	可重复使用的隔墙	1	公共建筑	—	1 铂金级	—		1 铂金级
	车库/地下室采光措施	1	居住建筑	—	1 金级			1 金级
	三银玻璃	1	公共建筑	—	—	1 铂金级		1 铂金级
结构	高耐久混凝土	23	1 公共建筑 22 居住建筑	12 金级	2 金级	1 铂金级 6 金级	2 金级	1 铂金级 22 金级
	采用预拌砂浆	3	1 公共建筑 2 居住建筑	—	1 铂金级 1 金级	1 金级		1 铂金级 2 金级
声光环境	楼板 PE 隔声垫	1	居住建筑	—	—	—	1 银级	1 银级
	新型降噪管	1	居住建筑	—	1 金级		1 金级	1 金级
	光导管采光技术	6	5 公共建筑 1 居住建筑	—	—	2 铂金级 1 金级	3 金级	2 铂金级 4 金级
空气质量	CO 装置	33	15 公共建筑 18 居住建筑	1 铂金级 2 金级	1 金级	2 铂金级 13 金级 4 银级	8 金级 2 金级	3 铂金级 24 金级 6 银级
	室内 CO_2 监测系统	47	6 公共建筑 41 居住建筑	28 金级 2 银级	11 金级	1 铂金级 1 金级	2 金级 2 银级	1 铂金级 42 金级 4 银级
	空气质量监控系统	6	6 公共建筑	1 铂金级 1 银级	1 铂金级	3 金级	—	2 铂金级 3 金级 1 银级
	氢浓度检测	1	公共建筑	—	—		1 金级	1 金级

注：BIM 的全称为 Building Information Modeling，建筑信息模型；BAS 的全称为 Building Automation System，楼宇自动化系统。

2.4 项目主要技术增量统计

根据申报项目自评报告中的数据信息，通过统计梳理，其技术投资增量数据见表 2-8。

表 2-8　2019 年技术投资增量数据

专业	实现绿色建筑采取的措施	增量总额/万元	对应等级
专项费用	BIM 设计	79.10	铂金级
节水与水资源	雨水收集利用系统	2372.32	金级/银级
	灌溉系统	825.51	铂金级/金级/银级
	车库隔油池	704.13	金级/银级
	节水器具	624.28	铂金级/金级/银级
	建筑 BAS	371.95	铂金级/金级
	雨水中水利用	250.00	铂金级
	雨水回用系统	190.00	铂金级/金级
	高压水枪	168.70	金级/银级
	绿色性能指标检测	45.00	铂金级
	分级分项计量	44.10	金级/银级
	游泳池高效水处理系统	26.00	金级
	无负压供水	15.00	金级
	卫生器具	10.00	金级
	用水计量表	0.30	金级
电气	电扶梯节能控制措施	3111.00	金级/银级
	节能变压器	2082.86	金级/银级
	智能化系统	1665.43	金级/银级
	节能照明	1561.35	铂金级/金级/银级
	信息发布平台	732.02	金级/银级
	节能电机设备	452.20	铂金级/金级
	外墙和屋面节能提升	430.39	铂金级
	高效节能灯具	133.30	金级/银级
	物业管理集成平台	72.00	金级
	设备视频车位探测器	41.76	金级
	充电桩设计	40.00	铂金级
	选用节能设备	30.00	银级
	反向寻车找车	9.00	金级
	雨天自动关闭装置	3.00	金级
暖通空调	窗/墙式通风器	6865.59	金级/银级
	集中供暖空调系统	1717.00	金级
	地暖系统	1374.00	金级
	户式新风系统	1345.00	金级
	江水源热泵系统	480.00	金级
	新风除霾系统	335.85	金级
	风机盘管	296.40	金级
	机械通风	263.00	金级
	水泵风机变频设备	66.60	银级
	排风热回收	64.00	金级
	新风机流量计	24.80	铂金级
	空气源热泵机组	16.00	铂金级
景观绿化	室外透水铺装	1186.54	金级/银级

续表

专业	实现绿色建筑采取的措施	增量总额/万元	对应等级
景观绿化	喷灌系统	977.57	铂金级/金级
	绿化遮阴	143.77	金级/银级
	屋顶绿化	120.58	铂金级
	土壤湿度感应器	106.40	金级
	活动外遮阳	55.00	金级
建筑规划	充氩气玻璃幕墙	299.50	铂金级
	幕墙保温隔热	160.00	铂金级
	外窗开启面积	36.20	金级
	标识系统	5.00	金级
结构	高耐久混凝土	1809.28	金级
声光环境	噪声控制	33.65	金级/银级
	光导系统	14.40	铂金级
	声学设计	10.00	铂金级
空气质量	室内 CO_2 监测系统	818.72	金级/银级
	空气质量监控系统	680.85	铂金级/银级
	CO_2 装置	170.94	铂金级/金级/银级
	CO 装置	43.44	金级/银级
	中效空气过滤器	31.00	铂金级

按项目评价等级排序，金级项目的平均增量成本的详细情况见表 2-9，银级项目的平均增量成本的详细情况见表 2-10，铂金级项目的平均增量成本的详细情况见表 2-11。

表 2-9　金级项目的平均增量成本的详细情况

序号	绿色建筑等级	项目名称	项目建筑面积/m²	增量总额/万元	增量成本/(元/m²)	建筑类型
1	金级	JHC（XQ）(JZJZBF)	459595.41	1975.56	41.70	居住建筑
2	金级	LYCF（M01-4、M02-2DK）JSGC	251198.93	764.65	29.98	居住建筑
3	金级	JKBCTY	132950.26	490.24	36.87	居住建筑
4	金级	JJGJDS	98154.08	902.08	91.90	公共建筑
5	金级	LHZYGYXM（F125-1DK）	73285.92	455.47	62.14	居住建筑
6	金级	WKJYLW（N19-2-1/02DK）	117727.33	508.60	43.20	居住建筑
7	金级	JK.TYFYQ	287308.16	568.25	19.42	居住建筑
8	金级	WKSPBQSPBZTBFQB12/02HZDXM	231782.11	633.05	27.31	居住建筑
9	金级	SZYCSXMYQ（DYS02-4-1NO2-4-2DK）(JZJZBF)	166818.8	3960.30	237.00	居住建筑
10	金级	WKCJXMM14/03DK	132807.83	699.66	51.57	居住建筑
11	金级	JKTCEQ L48-5/04、L32-1/03DK	246603.47	1149.00	44.93	居住建筑
12	金级	STLJ（A29-3HDK、A37-5-1HDK）	247981.15	1231.60	95.66	居住建筑
13	金级	LJXQYLZTCFQWJFXM（C41/05、C39-3/05、C48/05、C58-1/06DK）(JZJZ)	185842.24	926.40	47.77	居住建筑
14	金级	LYF	174315.15	499.04	28.62	居住建筑
15	金级	BJCJ.LYSTC（C30-2/06DK）(JZJZ)	103415.38	171.73	15.69	居住建筑
16	金级	RCZHXM（E15-01/01HDK）(JZJZBF)	497837.35	632.80	10.92	居住建筑

续表

序号	绿色建筑等级	项目名称	项目建筑面积/m²	增量总额/万元	增量成本/(元/m²)	建筑类型
17	金级	CQWKCJXMM36-02/04DK	236360.31	636.30	26.92	居住建筑
18	金级	QDXX.XLYEQN06-1/03DK	240631.80	579.40	26.32	居住建筑
19	金级	JKZYHFDQ（ZZJZBF）	113554.00	506.41	42.39	居住建筑
20	金级	JH.ZYMD（JZJZBF）	173008.22	717.30	39.30	居住建筑
21	金级	QNCQMLSJ（zz）11~15HL，30~34HL，37~40HL，42~58HLJDXCK	87120.35	164.20	23.40	居住建筑
22	金级	JKTYD（YQ）（023-5、035-4/03DK）	246151.69	1012.00	49.00	居住建筑
23	金级	ZJCDEFQXM	126187.87	491.08	38.92	居住建筑
24	金级	CQZMSG4-1/02DK（SQZZBF）	288334.96	381.04	13.21	居住建筑
25	金级	JKTYD（EQ）020-6、020-8HDK	191079.17	573.17	30.00	居住建筑
26	金级	JKYXTY、EQ	348600.67	504.83	13.96	居住建筑
27	金级	ZKBDBA	263647.15	1494.05	51.30	居住建筑
28	金级	FLGSWZHKYHCSNJFSPTSSGCEPCZCB	55141.47	1148.64	208.30	公共建筑
29	金级	WKJYHF	324710.37	1223.70	37.08	居住建筑
30	金级	JHCSQYBD	444696.09	1897.15	40.36	居住建筑
31	金级	JSZTNFQN12/02DKXM	300756.92	907.93	29.90	居住建筑
32	金级	JKGL（YQ）	369632.06	698.25	18.67	居住建筑
33	金级	ZJCDEFQXM（EFQ）（JG）	126173.49	491.08	38.92	居住建筑
34	金级	CYB44-2	176066.24	178.00	14.80	居住建筑
35	金级	WKCJNFQXMN19-4/02、N18-1/03、N18-4/02DK	287698.12	1535.36	51.77	居住建筑
36	金级	LJYZ	24908.44	106.68	42.83	公共建筑

表 2-10　银级项目的平均增量成本的详细情况

序号	绿色建筑等级	项目名称	项目建筑面积/m²	增量总额/万元	增量成本/(元/m²)	建筑类型
1	银级	CQQJWDGC	108240.48	633.82	58.56	公共建筑
2	银级	BBWDGC	133200.00	104.10	7.82	公共建筑
3	银级	LNLXYJQ	342486.31	530.55	15.49	居住建筑
4	银级	JKZYGYWQB18-01/01DK	107482.08	174.86	15.85	居住建筑
5	银级	ZGTJDLDYQGC	228013.41	317.50	13.60	居住建筑
6	银级	CQBLWBSXMBS-1J-287HZD（JZJZBF）	184618.60	644.17	34.89	居住建筑

表 2-11　铂金级项目的平均增量成本的详细情况

序号	绿色建筑等级	项目名称	项目建筑面积/m²	增量总额/万元	增量成本/(元/m²)	建筑类型
1	铂金级	QQYFZXJSXMA（YQ）—BGL	113362.94	1009.00	109.30	公共建筑
2	铂金级	HLQPQB11-1/02DKCGC（EQ）	433898.01	2509.92	57.84	公共建筑

作者：重庆市绿色建筑与建筑产业化协会绿色建筑专业委员会　丁勇、周雪芹、胡文端、王玉

重庆市建设技术发展中心　杨修明、杨丽莉、李丰、吴俊楠

|技 术 篇|

第3章 重庆市绿色建筑技术应用体系分析

3.1 重庆市绿色建筑技术应用体系总体情况

2019 年，重庆市绿色建筑与建筑产业化协会绿色建筑专业委员会通过绿色建筑评价标识认证的项目共计 44 个，总建筑面积 935.72 万 m²。其中，建筑类型以居住建筑为主，共37 个，占比 84%，公共建筑项目 7 个，占比 16%；评价星级以金级为主，获得金级的绿色建筑有 36 个，占比 82%，获得银级的绿色建筑 6 个，占比 14%，获得铂金级的绿色建筑仅 2 个，占比 4%。具体特征分布如图 3-1 所示。

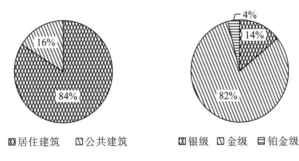

图 3-1 绿色建筑总体特征分布

3.2 公共建筑实际项目技术应用体系分析

对已通过评审的公共建筑项目的技术选用率进行统计，并绘制整体技术选用率的分布图，如图 3-2 所示。《绿色建筑评价标准》（DBJ50/T-066—2014）中的评分项共有 89 项技术，当前项目中的选用率占比超过 80% 的常用技术有 33 项，约占 37%；选用率低于 80%但高于 20% 的一般技术有 32 项，约占 36%；占比低于 20% 的少用技术有 24 项，约占总体的 27%。其中，选用率为 100% 的技术有照明设计避免光污染、场地风环境、公共交通设施、合理设置停车场所、公共服务、绿化方式及绿色植物等；选用率为零的技术有余热废热利用、地下温泉水利用、既有建筑利用、厨卫整体化定型设计、绿色建材等。

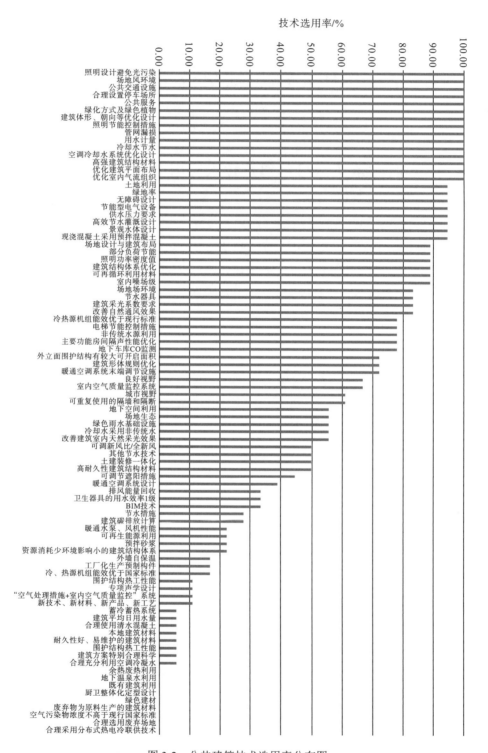

图 3-2　公共建筑技术选用率分布图

　　按照节地、节能、节水、节材、室内环境质量即"四节一环保"的五大指标及提高与创新项将上述技术进行统计归类，公共建筑技术的利用情况、特征分布表和分布图，分别如表 3-1、表 3-2 和图 3-3 所示。

表 3-1　公共建筑项目技术利用情况

指标	常用技术	一般技术	少用技术
节地与室外环境	1.节约集约利用土地 2.合理设置绿化用地照明设计避免光污染 3.场地内环境噪声达标 4.场地风环境 5.便捷公共交通设施 6.无障碍设计 7.合理设置停车场所 8.便利公共服务 9.合理选择绿化方式及绿色植物 10.绿色雨水基础设施	1.合理开发利用地下空间 2.缓解城市热岛 3.场地雨水外排总量控制 4.场地设计与建筑布局合理	—
节能与能源利用	1.建筑体形、朝向等优化设计 2.暖通空调系统能耗降低 3.照明节能控制措施 4.照明功率密度值达到现行标准 5.节能型电气设备	1.外立面围护结构有较大可开启面积 2.冷热源机组能效优于现行标准 3.暖通水泵、风机性能达标 4.合理选择优化暖通系统 5.可调新风比/全新风 6.电梯节能控制措施 7.排风能量回收系统设计合理 8.可再生能源合理利用	1.围护结构热工性能提升 2.外墙自保温 3.合理采用蓄冷蓄热系统 4.余热废热合理利用
节水与水资源利用	1.采取有效措施避免管网漏损 2.给水系统无超压出流 3.用水计量 4.使用较高效率节水器具 5.绿化灌溉采用节水灌溉方式冷却 6.系统采用节水技术 7.结合雨水利用设施设计景观水体 8.空调冷却水系统优化设计	1.有效节水措施 2.其他节水技术 3.非传统水源合理利用 4.冷却水采用非传统水	1.地下温泉水利用
节材与材料资源利用	1.建筑结构体系及构件优化 2.高强建筑结构材料 3.可再循环利用材料 4.现浇混凝土采用预拌混凝土	1.建筑形体规则优化 2.土建装修一体化 3.可重复使用的隔墙和隔断 4.采用预拌砂浆 5.高耐久性建筑结构材料	1.合理利用已有建筑物构筑物 2.工厂化生产预制构件 3.厨卫整体化定型设计 4.主要部位合理使用清水混凝土
室内环境质量	1.室内噪声级达到现行标准 2.优化建筑平面布局 3.采光系数满足现行标准 4.建筑优化设计改善自然通风效果 5.优化室内气流组织	1.主要功能房间隔声性能优化 2.主要功能房间具有良好视野 3.改善建筑室内天然采光效果 4.可调节遮阳措施 5.暖通空调系统末端独立调节 6.室内空气质量监控系统 7.地下车库CO监测 8.室内空气质量监测系统	1.重要房间专项声学设计
提高与创新项	—	1.卫生器具的用水效率达到1级 2.采取资源消耗少、环境影响小的建筑结构体系 3.BIM技术 4.建筑碳排放降低	1.围护结构热工性能提升 2."空气处理措施+室内空气质量监控"系统 3.建筑方案特别合理科学 4.合理选用废弃场地 5.采用新技术、新材料、新产品、新工艺 6.合理充分利用空调冷凝水 7.冷、热源机组能效优于国家标准 8.合理采用分布式热电冷联供技术

表 3-2   绿色公共建筑技术特征分布表

技术类型	节地与室外环境		节能与能源利用		节水与水资源利用		节材与材料资源利用		室内环境质量		提高与创新项	
	数量	比例/%	数量	比例/%	数量	比例/%	数量	比例/%	数量	比例/%	数量	比例/%
所有技术	14	—	17	—	13	—	13	—	14	—	12	—
少用技术	0	0	4	24	1	8	4	31	1	7	8	67
一般技术	4	29	8	47	4	31	5	38	8	57	4	33
常用技术	10	71	5	29	8	61	4	31	5	36	0	0

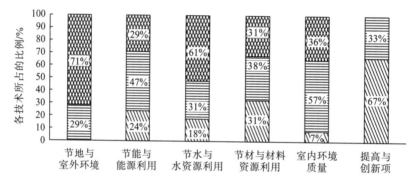

图 3-3   绿色公共建筑技术特征分布图

从表 3-2 和图 3-3 可以看出，不同技术应用体系的技术特征具有明显差异。常用技术数量和占比最高的技术类型是节地与室外环境，达到 10 个，占比高达 71%；其次是节水与水资源利用、室内环境质量，占比分别为 61% 和 36%；节能与能源利用、节材与材料资源利用中常用技术占比较低，分别为 29% 和 31%，而提高与创新项中无常用技术。与此同时，少用技术中，提高与创新项占比最高，达到 67%，节材与材料资源利用次之，为 31%，而节地与室外环境中无少用技术。

3.3   居住建筑实际项目技术应用体系分析

对已通过评审的居住建筑项目的技术选用率进行统计，并绘制整体技术选用率的分布图，如图 3-4 所示。选用率占比超过 80% 的常用技术有 36 项，约占 40%；相比于公共建筑，低于 80% 但高于 20% 的一般技术数量不足其一半，共计 15 项，约占 17%；占比低于 20% 的少用技术数量多于公共建筑，共计 38 项，约占总体的 43%。其中，选用率为 100% 的技术有绿地率、地下空间利用、场地风环境、公共交通设施、绿化方式及绿色植物、照明节能控制措施等；选用率为零的技术有排风能量回收、蓄冷蓄热系统、余热废热利用、地下温泉水利用、可重复使用的隔墙和隔断等。

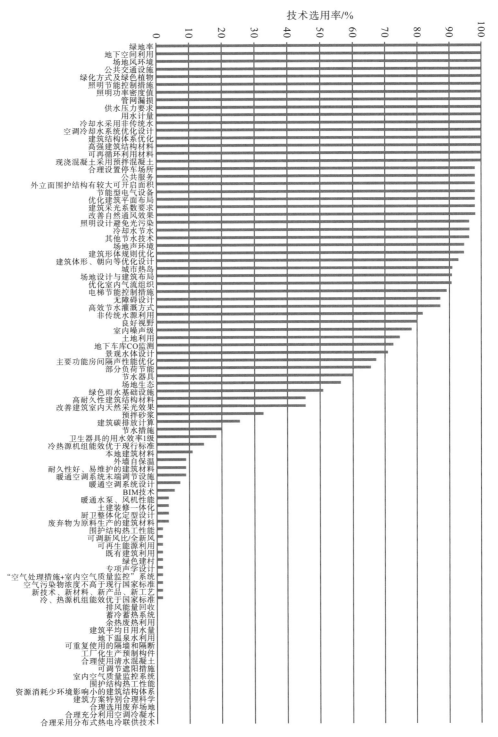

图 3-4 居民建筑技术选用率分布图

同样，按照"四节一环保"的五大指标及提高与创新项将上述技术进行归类，可得到居住建筑技术的利用情况、特征分布表和分布图，分别如表 3-3、表 3-4 和图 3-5 所示。

表 3-3　居住建筑项目技术利用情况

指标	常用技术	一般技术	少用技术
节地与室外环境	1.合理设置绿化用地 2.合理开发利用地下空间照明设计 3.避免光污染 4.场地内环境噪声达标 5.场地风环境 6.缓解热岛效应 7.便捷公共交通设施 8.无障碍设计 9.合理设置停车场所 10.便利公共服务 11.合理选择绿化方式及绿色植物 12.绿色雨水基础设施	1.节约集约利用土地 2.场地雨水外排总量控制 3.场地设计与建筑布局合理	—
节能与能源利用	1.建筑体形、朝向等优化设计 2.外立面围护结构有较大可开启面积 3.照明节能控制措施 4.照明功率密度值达到现行标准 5.电梯节能控制措施 6.节能型电气设备	1.暖通空调系统能耗降低	1.围护结构热工性能提升 2.外墙自保温 3.冷热源机组能效优于现行标准 4.暖通水泵、风机性能达标 5.合理选择优化暖通系统 6.可调新风比/全新风 7.排风能量回收系统设计合理 8.合理采用蓄冷蓄热系统 9.余热废热合理利用 10.可再生能源合理利用
节水与水资源利用	1.采取有效措施避免管网漏损 2.给水系统无超压出流 3.用水计量 4.绿化灌溉采用节水灌溉方式 5.冷却水系统采用节水技术 6.非传统水源合理利用 7.冷却水采用非传统水 8.空调冷却水系统优化设计	1.有效节水措施 2.使用较高效率节水器具 3.其他节水技术 4.结合雨水利用设施设计景观水体	1.地下温泉水利用
节材与材料资源利用	1.建筑形体规则优化 2.建筑结构体系及构件优化 3.高强建筑结构材料 4.可再循环利用材料 5.现浇混凝土采用预拌混凝土	1.建筑砂浆采用预拌砂浆 2.高耐久性建筑结构材料	1.土建装修一体化 2.合理利用已有建筑物、构筑物 3.可重复使用的隔墙和隔断 4.工厂化生产预制构件 5.厨卫整体化定型设计 6.主要部位合理使用清水混凝土
室内环境质量	1.优化建筑平面布局 2.主要功能房间具有良好视野 3.采光系数满足现行标准 4.建筑优化设计改善自然通风效果 5.优化室内气流组织	1.室内噪声级达到现行标准 2.主要功能房间隔声性能优化 3.改善建筑室内天然采光效果 4.地下车库 CO 监测	1.重要房间专项声学设计 2.可调节遮阳措施 3.暖通空调系统末端独立调节 4.室内空气质量监控系统
提高与创新项	—	1.建筑碳排放降低	1.围护结构热工性能提升 2.卫生器具的用水效率达到 1 级 3.采取资源消耗少、环境影响小的建筑结构体系 4."空气处理措施+室内空气质量监控"系统 5.建筑方案特别合理科学 6.合理选用废弃场地 7.BIM 技术 8.采用新技术、新材料、新产品、新工艺 9.合理充分利用空调冷凝水 10.冷、热源机组能效优于国家标准 11.合理采用分布式热电冷联供技术

表 3-4　居住建筑技术特征分布表

技术类型	节地与室外环境		节能与能源利用		节水与水资源利用		节材与材料资源利用		室内环境质量		提高与创新项	
	数量	比例/%	数量	比例/%	数量	比例/%	数量	比例/%	数量	比例/%	数量	比例/%
所有技术	15	—	17	—	13	—	13	—	13	—	12	—
少用技术	0	0	10	59	1	8	6	46	4	31	11	92
一般技术	3	20	1	6	4	30	2	15	4	31	1	8
常用技术	12	80	6	35	8	62	5	39	5	38	0	0

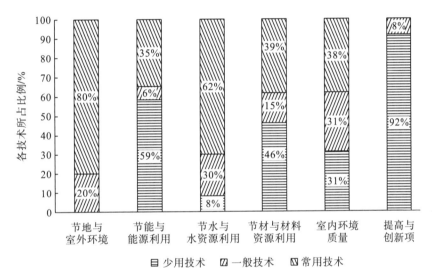

图 3-5　新版绿色居住建筑技术特征分布图

从表 3-4 和图 3-4 可以看出，同公共建筑一样，节地与室外环境应用情况最好，常用技术数量为 12 个，占比高达 80%；节水与水资源利用次之，占比为 62%；节材与材料资源利用、室内环境质量、节能与能源利用中常用技术分别占比为 39%、38%、35%，而提高项无常用技术。

居住建筑中，与公共建筑不同之处在于各技术类型中的一般技术和少用技术的比例发生明显变化，较之公共建筑，居住建筑各技术类型中少用技术比例明显增加，与此同时一般技术比例显著降低。例如，提高与创新项中，居住建筑的少用技术和一般技术占比分别为 92%、8%，而公共建筑的少用技术和一般技术占比分别为 67%、33%；室内环境质量中，居住建筑的少用技术和一般技术占比分别为 31%、31%，而公共建筑少用技术和一般技术占比分别为 7%、57%。

作者：重庆大学　丁勇、夏婷、罗迪

第4章 公共建筑室内物理环境现状

4.1 既有公共建筑室内环境问题分析

室内环境是伴随着人类文明的发展，为满足人们生活、工作需求，抵御自然环境的恶劣气候，满足人类生存安全而产生并不断发展的一种环境。同时，随着人类社会的不断发展，人们的生活、工作，甚至出行都越来越多地在室内度过，有调查表明，人们一天中80%～90%的时间处于室内。因此，室内环境与人的健康、舒适乃至工作效率密切相关。我国在"十一五"期间重点针对节能性开展了大量研究工作，在"十二五"期间进一步提出了绿色化提升的目标，如今在"十三五"期间对既有公共建筑又提出了综合性能提升的要求，可以说既有公共建筑的性能提升是逐步深化发展的。

早在1988年美国采暖、制冷空调工程师协会(American Society of Heating, Refrigerating and Air-conditioning Engineers, ASHRAE)就提出室内环境品质(Indoor Environment Quality, IEQ)这个概念，室内环境品质如声、光、热环境及空气品质对人的身体健康、舒适性及工作效率都会产生直接的影响。在上述诸多影响因素中，热环境和室内空气品质对人的影响尤为显著。在20世纪初，一些发达国家的学者就已经开始了对室内环境的研究。早期的研究主要服务于军事目的，如对军舰轮机舱内的环境研究，对炎热或寒冷环境中的士兵心理和生理方面的研究等。第二次世界大战后，随着科技的进步、生产的发展和生活水平的提高，研究的方向开始转向公共建筑室内环境，对既有公共建筑室内环境的改造起到了指导作用[1]。

4.2 既有公共建筑室内环境研究方法

室内环境是人类支撑系统及居住系统中的重要部分，直接影响着人在其中的工作和生活质量；直接或间接与其他系统互相作用，影响着经济、环境、能源状况等，也受自然系统、人类系统、社会系统等其他因素的影响。为了更好地了解既有公共建筑室内环境性能，研究人员采取问卷调查和实地测试两种形式对既有公共建筑展开了相应调研，旨在将人们的主观感觉和客观的测试数据结合，从而更好地检查和评估建筑物的环境性能。本次调研中使用的调查方法属于主客观结合的方法，且调查的所有建筑均为已投入使用的建筑。

1. 问卷调查

本次网络问卷调查主要涉及个人基本信息、建筑基本信息、室内物理环境状态、室内物理环境关注度四个方面的内容。本次网络问卷调研共收回 7140 份，其中有效问卷 5034 份。调查显示，受访者涉及全国 33 个省区市，其中约 49%(2456 份)的受访者为男性，约 51%(2578份)为女性，男女比例基本持平，性别统计如图 4-1 所示，近 87%的受访者年龄集中在 18～40 岁，与公共建筑的一般使用者年龄相符。具体的年龄统计情况如图 4-2 所示。

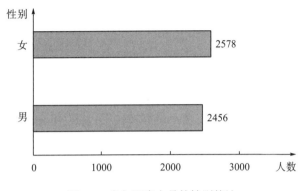

图 4-1　参与调查人员的性别统计

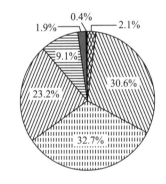

图 4-2　参与调查人员的年龄统计

2. 实地测试

　　本次调研实地测试主要选取了重庆、广州、北京和沈阳四个城市的既有公共建筑作为调研对象，且建筑涵盖办公、酒店、商场、学校、医院五种主要的公共建筑类型，每栋测试建筑中均选取其代表性房间、区域进行测试，各类建筑中代表性房间的选取见表 4-1，测试参数主要包括建筑内热湿环境参数如温度、湿度、风速；室内空气质量参数如 CO_2、甲醛、总挥发性有机化合物(Total Volatile Organic Compounds，TVOC)、PM2.5 和 PM10的浓度。本次测试采用连续测试的方法，测试时间段为建筑正常使用时间，测试方法主要依据国家相关标准中的规定执行，测量仪器及相应参数见表 4-2[2]。

表 4-1   代表性房间选取

测试建筑类型	建筑代号	代表性房间
办公类建筑	O	办公室、会议室
酒店类建筑	H	客房、中餐厅、标准层走廊、大堂
商场类建筑	D	营业厅、地下超市、餐饮区域
教育类建筑	S	教室、图书馆、实验室
医疗类建筑	HS	诊室、病房、候诊室

表 4-2   测量仪器及参数

测量参数	测量仪器	测量范围	精度
空气温度	TESTO 635-1，NTC 探头	−20～+70℃	±0.3℃
相对湿度	TESTO 635-1，NTC 探头	0～100%	±2%
风速	TESTO 425	0～+20m/s	±(0.03m/s+5%测量值)
噪声	CEL-240	30～100dB，60～130dB	1dB
照度	TES-1399	0.01～999900 lx	±3%
CO_2	TESTO-535	0～9999 ppm	±(75ppm+3%)
甲醛	Interscan 4160	0～1999 ppb	±0.1%
TVOC	PGM 7340	1～10000ppb	±3%
PM2.5	DustTrak DRX 8534	0.001～150mg/m³	0.002mg/m³
PM10	DustTrak DRX 8534	0.001～150mg/m³	0.002mg/m³

注：ppm 指百万分之几；ppb 指十亿分之几。

本次问卷调查中，人们认为自身所处的室内物理环境急需改造的约占 40%，如图 4-3 所示，问卷填写者的主观反映表明既有公共建筑的室内物理环境存在相应问题。

15.77%

39.99%

44.24%

▨ 急需改造   ▨ 改造可有可无   ▥ 不需要改造

图 4-3   人们对于室内环境改造的态度

4.2.1   热环境

热环境是建筑环境中最主要的内容，主要反映在空气环境的热湿特性中。本次调研分为实地测试和问卷调查两部分。对于问卷调查，《民用建筑供暖通风与空气调节设计规范》（GB 50736—2012）规定的室内空气设计参数主要为室内温度、湿度和风速，因此问卷也从这三个因素出发，调查人的主观感受，调查结果如下：约 40% 的人认为夏季室内较热；约 33% 的人认为冬季室内偏冷，同时感觉室内干燥的人约占 40%，许多建筑使用者对于冬季空调供热所造成的干燥感受非常深；23.16% 的人感觉室温变化较大，18.55% 的人认为室内冷热分布不均[3]。以上结果表明，空气调节下的室内热环境存在一定的问题。具体的调查结果如图 4-4～图 4-11 所示。

图 4-4　室内冷热分布情况

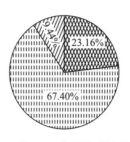

图 4-5　室温随时间变化情况统计

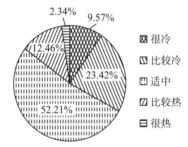

图 4-6　冬季热感觉

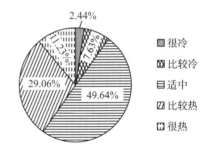

图 4-7　夏季热感觉

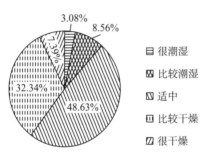

图 4-8　冬季湿感觉

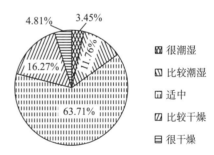

图 4-9　夏季湿感觉

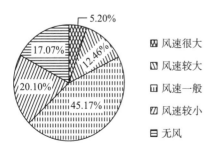

图 4-10　室内风速感觉

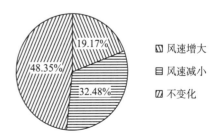

图 4-11　希望风速的变化情况

实地测试主要测试了重庆、广州、北京、沈阳四个城市的室内温度及相对湿度，对于室内热舒适的区间，《民用建筑供暖通风与空气调节设计规范》（GB 50736—2012）的规定见表 4-3[3]。

表 4-3   人员长期逗留区域空调室内设计参数

设计参数	空气干球温度/℃		空气相对湿度/%		风速/(m/s)	
室内工况	供热工况	供冷工况	供热工况	供冷工况	供热工况	供冷工况
Ⅰ级热舒适度	22~24	24~26	≥30	40~60	≤0.2	≤0.25
Ⅱ级热舒适度	18~22	26~28	—	≤70	≤0.2	≤0.3

通过与表 4-3 中标准设定的舒适度区间进行比较发现，对于既有建筑而言，重庆、广州、北京、沈阳四个城市的室内热湿环境达标率较低，详细达标率及不达标原因见表 4-4。总体而言，大约只有一半的房间满足热舒适的要求，与问卷调查的情况相符，具体如图 4-12～图 4-15 所示。

表 4-4   四个城市冬季与夏季室内热湿环境达标率及不达标原因

城市	冬季室内达标率/%	冬季不达标原因	夏季室内达标率/%	夏季不达标原因
重庆	79.17	室温较低	66.10	室温、湿度较高
广州	53.20		62.39	
北京	15.00	室温较高且湿度较低	41.00	室温较高
沈阳	56.00		96.00	

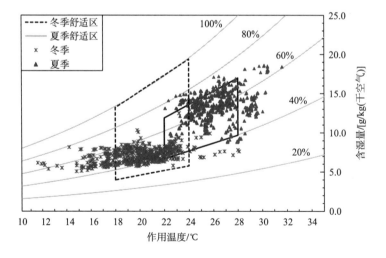

图 4-12   重庆冬季与夏季室内热湿环境状态点分布

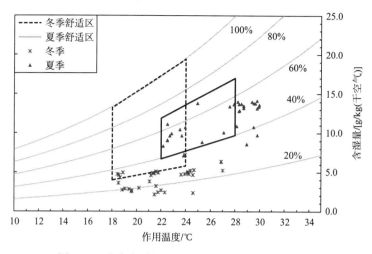

图 4-13　北京冬季与夏季室内热湿环境状态点分布

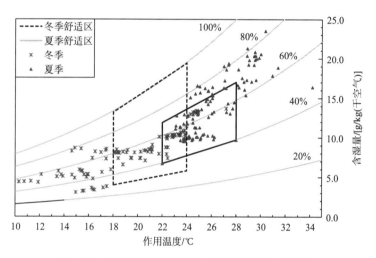

图 4-14　广州冬季与夏季室内热湿环境状态点分布

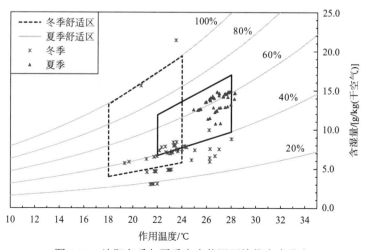

图 4-15　沈阳冬季与夏季室内热湿环境状态点分布

通过将热湿环境的主观调查和客观测试的结果结合分析可知，对于既有公共建筑而言，室内热环境主要存在以下三个问题。

第一，室内温湿度分布不均匀。相比于整体的过冷与过热感受，不均匀热环境的高抱怨率暗示了垂直温差、空气分布特性系数等局部热环境评价指标在热舒适评价中需要被更重要地对待。虽然目前的热湿环境标准中有对垂直温差的规定，但是其对总体热湿环境感受的影响程度并未被清楚界定，仅作为一项单独的评价指标。并且由于垂直温差、空气分布特性的测试较为烦琐，在实际热湿环境评价中使用得较少。

第二，空调系统风速普遍偏大。32.48%的人希望风速减小，人们对高风速的敏感程度高于低风速，因此应该首先解决室内风速过高的问题。

第三，湿度是导致人员不舒适感受的一个重要因素。即使客观环境测试结果没有表明存在显著的湿度过低，干燥仍然成为了冬季和过渡季节显著的不舒适感受。对于北方地区，因为北方天气相对于南方而言比较干燥，加之冬季里人们都会紧闭门窗，散热器又会蒸发掉空气中的水分，故对于北方冬季热湿环境的改善重点在于如何提高冬季室内含湿量，以缓解室内过于干燥的情况。对于南方地区，冬季的采暖方式一般为空调，本次测试布点选择避开了空调出风口位置以避免误差，原则上选取的点都是分散于人员逗留空间中具有代表性的位置，但人员在室内活动时，难免会遭受到空调风的直吹，而冬季供热条件下空调出风的湿度一般在 20% 以下，这就造成了干燥感受。这一方面表明《民用建筑供暖通风与空气调节设计规范》中规定的冬季对于湿度下限值的设定可能偏低；另一方面，过渡季节预计适应性平均热感觉指数(adaptive Predicted Mean Vote，aPMV)模型未将相对湿度纳入考量的做法值得商榷。这些原因导致了目前中国热湿环境标准在湿度问题上未能准确预测人员的感受。

4.2.2　光环境

随着社会的不断进步，人们对于生活的追求也出现了更高层次的要求，对于建筑的室内设计要求，不再是只停留在室内空间的功能布局上，更重要的是要达到一个更高层次的心理享受，光环境在这一环节作用显著。如图 4-16～图 4-20 所示，根据问卷调研，照明灯具总是需要开启或超过一半时间需要开启的比例是 60.41%，完全不需要开启的比例仅有 12.63%，目前公共建筑对自然光源的利用比例较低。关于室内亮度，有92.85% 的人认为灯光一般或明亮，可见大多数公共建筑的室内照度能满足人的视觉需求。对室内照明感到非常明亮或比较明亮的占到了 63.37%，远大于感到比较昏暗或非常昏暗的7.15%，过高的照度值会造成照明能耗的增加，同时还有可能导致不舒适眩光感受。通过问卷调查认为眩光比较强烈或非常强烈的占21.49%，其中，眩光来源于人工照明的占到了 37.26%，来源于阳光直射或反射的达到了 62.12%，可见对自然光的利用方式需要改进，同时对遮阳的应用应该提升，以提高室内舒适度。

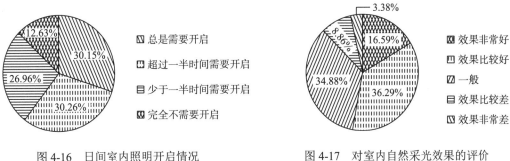

图 4-16　日间室内照明开启情况　　　　　　图 4-17　对室内自然采光效果的评价

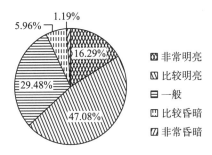

图 4-18　对室内亮度的评价

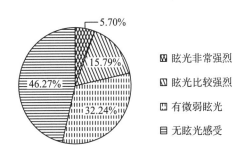

图 4-19 对室内眩光的评价

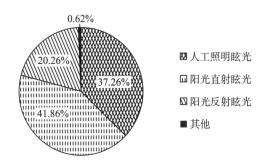

图 4-20　室内眩光的来源

　　通过对重庆、广州、沈阳、北京四个城市的各类建筑的实地测试看出，几乎所有的房间和区域都存在照度过高的情况，尤其是商场类建筑，如广州的商场照度最高达到了3500 lx，约是标准照度值的12倍[4]。同时测试时发现，在自然采光可以满足照度要求的情况下，有些房间仍采用了人工光源，过高的照度值不仅会造成照明能耗的增加，还有可能导致不舒适眩光感受，各城市被测房间与区域照度水平的关系如图 4-21～图 4-24 所示。

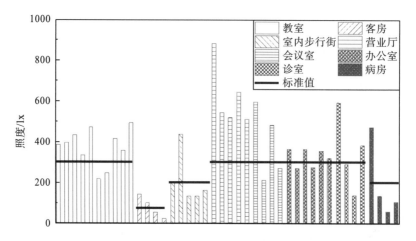

图 4-21   重庆被测房间与区域照度水平

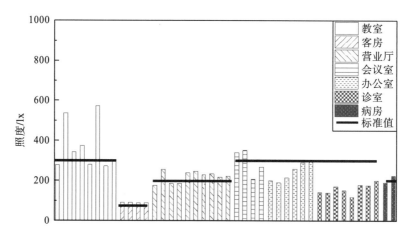

图 4-22   沈阳被测房间与区域照度水平

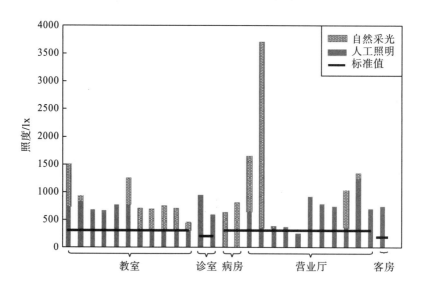

图 4-23   北京被测房间与区域照度水平

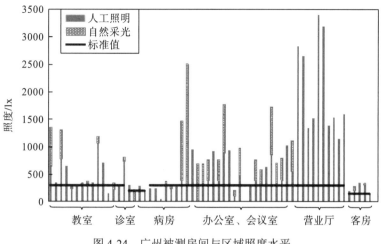

图 4-24　广州被测房间与区域照度水平

通过将光环境的主观调查和客观测试的结果结合分析可知，对于既有公共建筑而言，光环境主要存在以下两个问题：

第一，照明质量需要提升，在评价室内光环境好坏时还应该考虑其他的参数，不应以照度作为唯一参数。因为在实地测试和问卷调查时发现，虽然室内照度满足标准限值，但仍有 12% 左右的人对室内光环境不满意，同时室内眩光现象较为普遍，在既有公共建筑的改造过程中应该重点考虑在保证明亮的前提下，如何减少不舒适眩光的产生，这对于人工光环境的舒适性非常重要。对于既有公共建筑的改造中选择灯具时可以重点考虑发光二极管（Light Emitting Diode，LED）灯具，因为在问卷调查中发现 LED 灯具在提升室内亮度感觉和降低室内眩光感受方面都有相对较好的效果。

第二，对自然光源的利用比例较低，照明灯具总是开启或超过一半时间开启的占比较大，因此，对于既有公共建筑今后照明改善的方向是自然光源的利用方式，减少眩光和照明能耗。另外现有的照明设计是否与工作环境匹配，是否存在照度过大的现象，值得进行深入研究。

4.2.3　声环境

研究表明，建筑内部空间中的噪声不仅会影响建筑的使用过程，而且会影响身处其中的人的生理与心理状态，因此，在既有建筑的改造过程中不能忽视噪声对空间质量造成的影响。通过问卷调查，认为室内噪声很强烈或比较强烈的人占 23.72%，其中，交通噪声被认为是主要来源，占 38.84%，另外，社会噪声仅次于交通噪声，占到了 31.64%，如图 4-25 和图 4-26 所示。通过实地测试，图 4-27~图 4-30 展示了四个城市被测建筑在夏季与过渡季节或冬季室内噪声级（1min 等效连续 A 声级）水平的分布情况，图中各建筑代号的含义见表 4-1，S 代指夏季、T 代指过渡季节、W 代指冬季。结果显示，相比于国家标准，所有被测建筑均存在噪声超标现象，尤其是商场、医院的噪声级严重超过标准最低限制。另外，相比于冬季，夏季室内噪声普遍高于冬季室内噪声，究其原因，可能是夏季空调系统的使用率较高。对于商场建筑，其主要噪声源为室内人员频繁的活动。

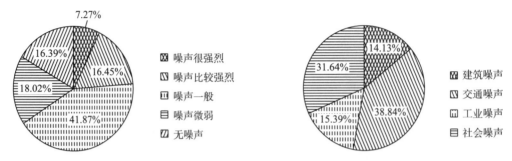

图 4-25 对室内噪声的评价   图 4-26 噪声的来源

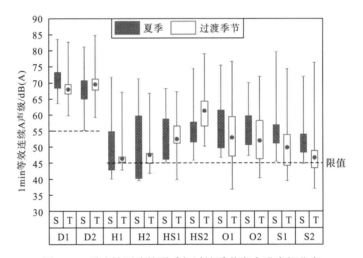

图 4-27 重庆被测建筑夏季与过渡季节室内噪声级分布

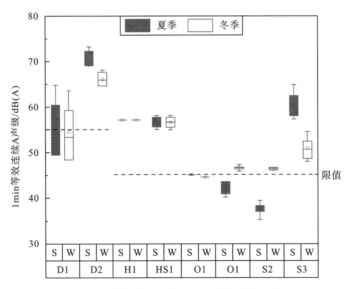

图 4-28 北京被测建筑夏季与冬季室内噪声级分布

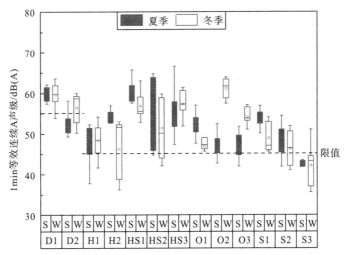

图 4-29 广州被测建筑夏季与冬季室内噪声级分布

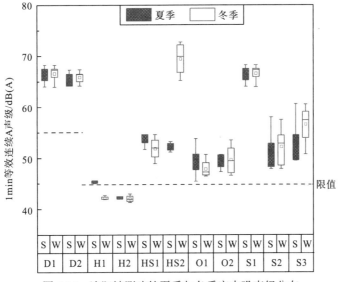

图 4-30 沈阳被测建筑夏季与冬季室内噪声级分布

通过将声环境的主观调查和客观测试的结果结合分析可知，对于既有公共建筑而言，声环境主要存在以下三个问题：

第一，噪声现象在公共建筑中较为普遍，几乎所有的公共建筑均存在噪声超标现象。通过文献阅读发现人员主观满意率与噪声声压级呈统计学负相关关系，且相关性极显著，噪声声压级是影响人员声环境满意率的一项关键指标。因此，对于既有公共建筑的声环境改造，重点应该控制室内噪声。

第二，噪声的主要来源是交通和社会噪声，是隔声的重点对象，但就这两项来源而言其消除相对比较困难，因此，对于既有建筑的改造更多的只能依靠现有声景原理来进行优化。

第三，噪声在实际建筑中的难控性。结合数据和调查发现，声环境的标准并不低，但是，现实中能满足的较少，这也说明了声环境的难控性。同时在测试中，由于实测值受测试方法和人为因素的限制,与现行标准存在一定的偏差,所以要使室内噪声达到标准要求,对建筑设计时的预判就提出了很高的要求,虽然《民用建筑隔声设计规范》(GB 50118—2010)中指出了"测量应选择在对室内噪声较不利的时间进行,测量应在影响较严重的噪声源发声时进行";《声学 环境噪声的描述、测量与评价 第2部分:环境噪声级测定》(GB/T 3222.2—2009)中也提出"为了选择合适的观察和测量时间段,就可能需要在相对长的时间周期内进行调查测量"的原则,并进行了相应解释,但在实际测试中面对复杂的工况时,这些原则时常也不能成为一种非常具体的指导。例如,在医院、商场等公共建筑中,人流密度高,环境噪声波动大,噪声源多,没有明显的周期或规律等为测试条件的选择增加了许多难度,从而造成最终测试条件的选择存在一定的误差。在具体测试中如何将噪声测试工作标准化、统一化,并且不增加太多的工作量,是如今测试工作中的一个难点。

4.2.4 空气品质

室内空气品质是建筑室内环境的重要组成部分,是影响人们身体健康、工作效率和生活质量的重要因素之一。通过问卷调查,大部分建筑室内空气状况良好,对空气品质不满意的人所占的比例不足20%,认为室内空气有较强或强烈异味/刺激性气味的占15.87%,15.59%的人认为室内空气比较污浊或很污浊。总体而言,异味/刺激性气味主要来源于装修材料、办公设备、卫生间、空调、家具等。由于室内异味/刺激性气味的来源比较广,且每项所占的比例比较均衡,所以解决起来比较困难。对于不同的建筑类型,异味/刺激性气味的主要来源也不同。例如,对于办公、教育类建筑,异味/刺激性气味主要来源于办公设备和卫生间;对于酒店、商场类建筑,异味/刺激性气味主要来源于炊事、装修材料和卫生间。室内空气品质的具体调查结果如图4-31~图4-34所示。

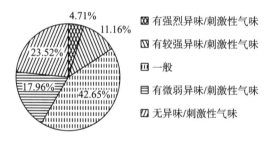

图4-31   人们对室内异味/刺激性气味大小的评价

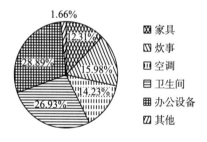

图4-32   室内异味/刺激性气味的来源

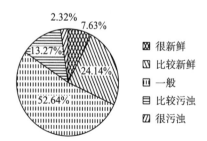

图4-33   人们对室内空气新鲜度的评价

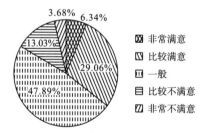

图4-34   对室内空气质量的满意度

　　CO_2 浓度是评价室内空气品质的重要指标，主要受到室内人员密度及通风换气率的影响[2]。图 4-35～图 4-38 展示了被测建筑在夏季与过渡季节或冬季室内 CO_2 浓度的分布情况。本次测试中，四个城市的所测建筑中 CO_2 浓度基本未出现超标的情况，个别超标情况存在于教室等区域，这些区域人员密集，通风不足。相比于夏季，冬季整体 CO_2 浓度略高于夏季。可能的原因是北方在冬季室外温度较低，冬季采用集中供暖，未及时开窗进行通风。

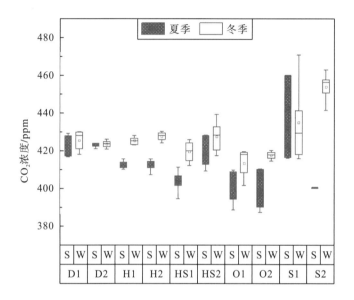

图 4-35　沈阳夏季与冬季室内 CO_2 浓度分布

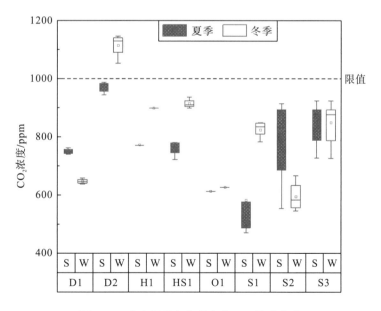

图 4-36　北京夏季与冬季室内 CO_2 浓度分布

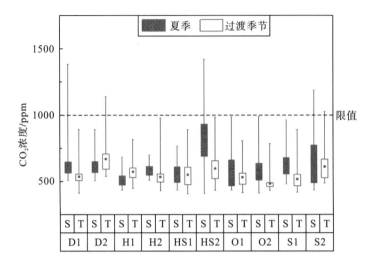

图 4-37　重庆夏季与过渡季节室内 CO_2 浓度分布

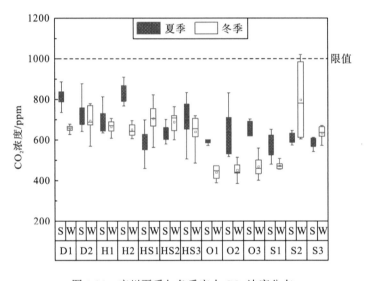

图 4-38　广州夏季与冬季室内 CO_2 浓度分布

甲醛是一项重要的室内污染物指标，通常由建筑材料散发，是多种癌症的致病因素，对人的身体健康有严重的威胁。本次实地测试中，所有被测建筑中大部分未发现甲醛浓度超标现象[5]。但对于某一医疗建筑在夏季存在甲醛超标的情况，究其原因，可能是该医疗建筑室内刚刚进行了装修，毕竟甲醛浓度超标多出现于新建建筑中，对于投入使用一段时间后的公共建筑，甲醛污染并非一个严重问题。沈阳和广州的被测建筑夏季与冬季室内甲醛浓度的分布情况如图 4-39 和图 4-40 所示。

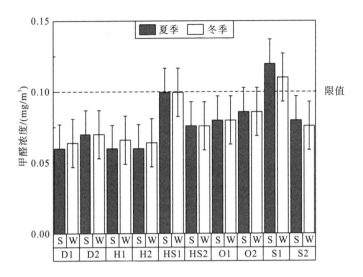

图 4-39　沈阳夏季与冬季室内甲醛浓度分布

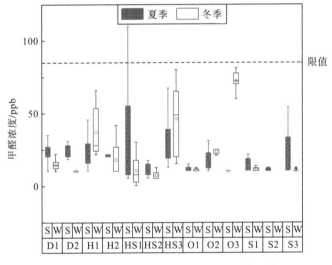

图 4-40　广州夏季与冬季室内甲醛浓度分布

　　TVOC 是室内所有可挥发性有机物的总称，其主要来源为人造板、塑料板等建筑材料，油漆、涂料、胶黏剂、壁纸等装饰材料，地毯、窗帘等化纤材料，以及其他各种有机装饰材料。TVOC 浓度过高可以导致人体机体免疫功能失调，使人出现头晕、头痛、无力、胸闷等症状，还可以导致食欲不振、恶心等，严重时可损伤肝及造血系统。图 4-41～图 4-43 展示了重庆、北京、广州的被测建筑夏季和冬季室内 TVOC 浓度的分布情况，并与《民用建筑工程室内环境污染控制标准》（GB 50325—2020）中对 TVOC 浓度的规定进行了对比：Ⅰ类民用建筑的 TVOC 浓度应小于 0.45mg/m³，Ⅱ类民用建筑的 TVOC 浓度应小于 0.50mg/m³[5]。其中，酒店建筑的 TVOC 浓度偏高，有可能是为了美观，大量采用了各种建筑材料、化纤材料和有机装饰材料等造成的。另外，沈阳被测建筑的 TVOC 浓度较低，基本接近于零。

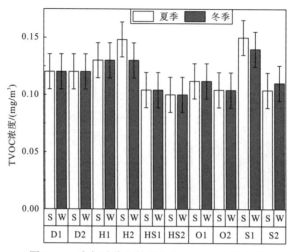

图 4-41　重庆夏季和冬季室内 TVOC 浓度分布

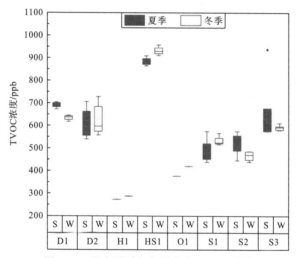

图 4-42　北京夏季和冬季室内 TVOC 浓度

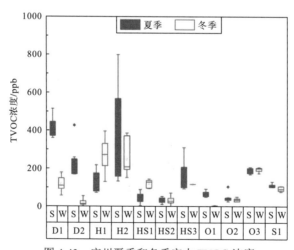

图 4-43　广州夏季和冬季室内 TVOC 浓度

可吸入颗粒物 PM2.5 与 PM10 的来源可以分为室内污染源与室外污染源。室内污染源主要有烟草、打印机等，室外污染源主要为汽车排放等。室外污染物通常经由外门、外窗、空调系统等进入室内。《环境空气质量标准》(GB 3095—2012)规定的可吸入颗粒物的等级划分见表 4-5[6]。

表 4-5　国家标准对可吸入颗粒物等级划分　　　　　　　　单位：$\mu g/m^3$

指标	一级规定	二级规定
PM2.5	35	75
PM10	50	150

北京、广州、沈阳的实际现场测试结果如图 4-44～图 4-49 所示。其中，办公建筑、酒店建筑和商场超标房间较多，可能是打印机、灰尘等引起的，应该予以重视。另外，冬季 PM10 浓度普遍高于夏季 PM10 浓度，初步分析是由冬季寒冷，降水量少，对大气中的悬浮颗粒沉降作用弱所致。

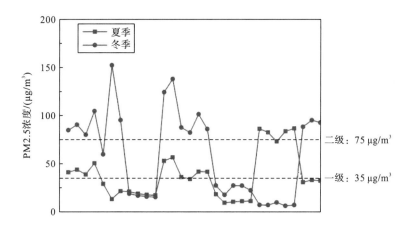

图 4-44　北京夏季与冬季室内 PM2.5 浓度分布

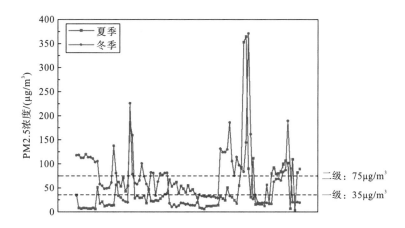

图 4-45　广州夏季与冬季室内 PM2.5 浓度分布

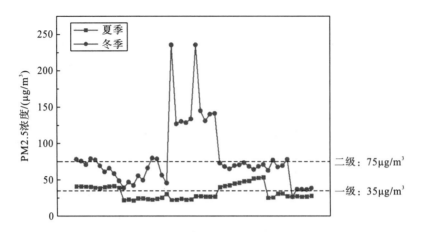

图 4-46   沈阳夏季与冬季室内 PM2.5 浓度分布

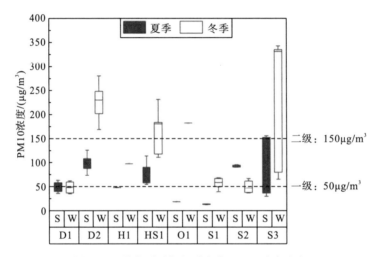

图 4-47   北京夏季与冬季室内 PM10 浓度分布

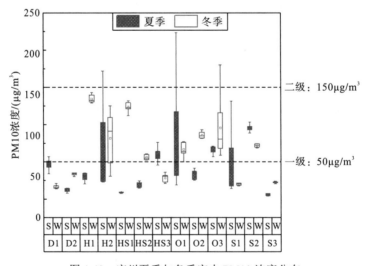

图 4-48   广州夏季与冬季室内 PM10 浓度分布

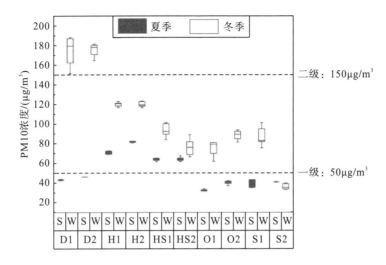

图 4-49　沈阳夏季与冬季室内 PM10 浓度分布

　　但是由于可吸入颗粒物的室内浓度会受到室外浓度水平的影响，所以仅利用室内浓度是否达标的判断标准是无法反映建筑对可吸入颗粒物浓度的控制水平的。为了解围护结构隔绝外界可吸入颗粒物的能力，本次调研对重庆 10 个完整工作日的建筑室内与室外的日均 PM2.5 及 PM10 浓度进行了监控，得到浓度分布分别如图 4-50 和图 4-51 所示。本次调研采用室内和室外浓度的相关系数来对可吸入颗粒物的控制水平进行说明，经过计算得 PM2.5 和 PM10 的室内和室外浓度的相关系数分别为 0.982 和 0.974。这两个数据表明既有建筑围护结构隔绝外界可吸入颗粒物的能力较弱。

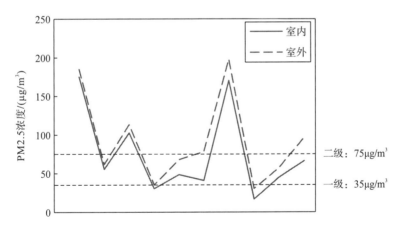

图 4-50　重庆室内与室外日均 PM2.5 浓度分布

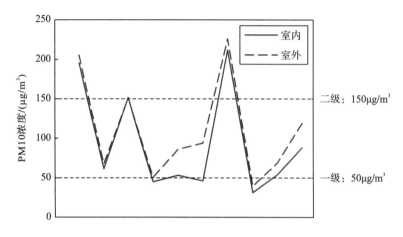

图 4-51　重庆室内与室外日均 PM10 浓度分布

通过将空气品质的主观调查和客观测试的结果结合分析可知，对于既有公共建筑而言，空气品质主要存在以下四个问题：

第一，对于既有公共建筑，室内污染 (甲醛、TVOC) 不再是主要对象，但 CO_2、PM2.5 和 PM10 均存在一定的超标现象，这可能与系统调控有关。同时经过测试，在实际环境下，保持适当低的室温，有利于减少室内 CO_2、TVOC、甲醛的含量；保持适当高的空气湿度，有利于减少室内 TVOC 和颗粒物浓度；提高空气流速有利于降低室内 CO_2 的含量。

第二，既有公共建筑未能有效地避免室外环境对室内的影响，如无论是 PM2.5 还是 PM10，其室内和室外浓度的相关系数均非常接近于 1，这表明测试的既有公共建筑并未有效地避免室外可吸入颗粒物浓度对室内的影响，对可吸入颗粒物的控制水平非常低，亟待提升。

第三，空气品质与地域、季节有明显的关系，因此在既有建筑的改造中应强化动态控制，采取对应控制策略。

第四，在对空气品质进行评价时，存在主观和客观分离的现象。例如，在测试中虽然参数超过了相应的标准限值，但人们普遍感觉良好。如何更好地评价室内空气品质，是如今测试工作中的一个难点。

4.3　总　　结

根据对既有公共建筑的问卷调查及实地测试的结果可知，声环境、光环境、热环境及空气品质这四方面已不能满足如今人民的需求及国家标准的要求，主要存在以下几个问题：

(1) 对于室内热环境，室内温湿度分布不均匀。该问题对于大面积的房间尤其突出，且冬季室内比较干燥，部分房间风速较大。对于不同地区，室内热环境的问题存在一定差异，所以在改造时要参考当地的气候条件。

(2)对于声环境,室内噪声超标严重。该问题对于临近交通枢纽及人员相对比较密集的场所尤其突出,但消除噪声比较困难,一般只能尽量提高建筑隔声性能。

(3)对于光环境,一般都能够满足人们对于照度的相关要求,但自然光源的利用率较低,普遍选择开启照明灯具。而建筑灯具能耗普遍偏高,且大部分建筑室内存在眩光,因此在评价室内光环境优劣时还应该考虑其他的参数,不应以照度作为唯一参数。

(4)对于空气品质,相对于新建建筑,室内污染(甲醛、TVOC)不再是既有公共建筑的监测重点,但既有公共建筑的围护结构隔绝能力较弱,不能很好地隔绝室外对室内环境的影响。随着近年雾霾天气的增多,室内可吸入颗粒物浓度均存在一定的超标现象,且浓度的多少与地域、季节有明显的关系。部分参数的评价,还存在主观和客观分离的现象。

另外,本次调研还统计了人们对于室内物理环境改善的期望度,并按分值进行评价(满分为 4 分),如图 4-52 所示。由图可知,人们对空气品质的关注度最高,最期望得到改善的是空气质量,除商场、办公类建筑外,第二关注的对象为隔声降噪。按关注度得分排序为提高空气质量(约为 3.5 分)>隔声降噪、提高温湿度舒适、增强自然通风(约为 3 分)>提高照明舒适(约为 2.2 分)>增强自然采光(约为 1.5 分)。由此可以看出,对于室内物理环境的改善,大众希望的首要目标是提高空气质量,而提高照明舒适和增强自然采光受到的关注度最低,所以人们对自然采光的要求并不高,主要是满足照明舒适的需求。

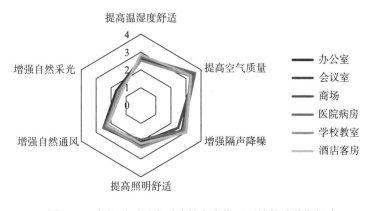

图 4-52 人们对不同类型建筑室内物理环境的改善期望度

扫一扫,看彩图

作者:重庆大学 丁勇、缪玉玲、唐浩

参 考 文 献

[1]张永浩,李东哲. 热舒适研究及其发展[J]. 黑龙江水利科技,2006,34(04):83,87.

[2]中华人民共和国国家质量监督检验检疫总局,中华人民共和国卫生部. 室内空气质量标准:GB/T 18883—2002[S]. 北京:

中国标准出版社，2002.

[3]中华人民共和国住房和城乡建设部. 民用建筑供暖通风与空气调节设计规范：GB 50736—2012[S]. 北京：中国建筑工业出版社，2012.

[4]中华人民共和国住房和城乡建设部. 建筑照明设计标准：GB 50034—2013 [S]. 北京：中国建筑工业出版社，2014.

[5]中华人民共和国住房和城乡建设部，中华人民共和国国家质量监督检验检疫总局. 民用建筑工程室内环境污染控制规范：GB 50325—2020[S]. 北京：中国计划出版社，2020.

[6]中华人民共和国国家质量监督检验检疫总局，中国国家标准化管理委员会. 环境空气质量标准：GB 3095—2012[S]. 北京：中国环境科学出版社，2012.

第 5 章　室内物理环境要求的发展

随着时代的发展、技术水平的提高，人们对室内物理环境健康的关注度也在逐渐增长。室内物理环境的要求与室内物理环境调控与改善有着紧密的联系，因此本报告分别针对热环境、声环境、光环境、空气品质四个方面的相关标准进行整理与比较分析。

5.1　室内热环境

5.1.1　室内热环境要求的发展

1.　国外研究现状

随着社会生产力的飞速发展，工业化现代化程度不断扩大，人民生活水平日益提高，人们对健康室内热湿环境的需求也越来越强烈。英国工业委员会在 20 世纪 20 年代发表了一系列关于高温环境下工业部门生产效率的现场调研报告，引发了人们对室内热环境状况的思考。该研究发现，热环境不仅影响人体的健康与舒适，而且影响人们在室内工作和学习的效率。1960 年之后能源问题的严重化，极大地推动了热舒适性的研究发展[1]。目前对于热舒适的解释上有两种不同的认识：一种认为热舒适和热感觉是相同的，或者说，热感觉处于中性(即不冷不热)就是热舒适。另外一种认为热舒适并不在稳态热环境下存在，它只存在于某些动态过程之中，在稳态条件下，只能有无差别状态，而不会有热舒适状态[2]。舒适的定义通俗来说即人体通过自身的热平衡和感觉到的环境状况，综合起来是否舒适的感觉，热舒适在 ASHRAE 54—1992 标准中定义为人体对热环境表示满意的意识状态。

为了更好地了解人们对室内热环境的满意程度，1936 年，Thomas Bedford 提出了贝氏标度，其特点是把热感觉和热舒适合二为一。但是贝氏标度不能精确地指出人体热感觉，故在 1966 年 ASHRAE 开始使用七级热感觉标度，旨在通过对受试者的调查得出定量化的热感觉评价，把描述环境热状况的各种参数与人体的热感觉定量地联系在一起。20 世纪 60 年代，随着人体热感觉专用实验室的建立，不仅使研究空气温度对人体的影响成为可能，同时还可以研究周围物体温度、空气相对湿度及流动情况等对人体的影响。ASHRAE 在此基础上进行了大量细致的研究和实验工作，得到了许多有关舒适度条件的数据，并由此制定了 ASHRAE 55—1974 标准。20 世纪 70 年代，Fanger 基于 ASHRAE 七级热感觉标度从人体热平衡方程出发，利用美国堪萨斯州立大学环境实验室所得实验数据，经过一系列理论分析，综合人体热舒适的四个物理变量(空气温度、流速、环境表面平均辐射温度、相对湿度)和两个人为变量(衣服热阻、人体活动量),提出了能够预测热舒适的预计平均热感觉指数(Predicted Mean Vote,PMV),该指标代表了同一环境下绝大多数人的热感觉。但人与人之间存在生理差别,所以该指标并不一定能代表所有人的感觉[3]。因此 Fanger 又提出了一个与之相关的指数,即预计不满意百分率(Predicted Percentage of Dissatisfied,PPD),并以此来表示人们对热环境的不满意程度。国际标准化组织(International Organization for Standardization,ISO)根据 Fanger 的研究成果于 1984 年制定了 ISO 7730—1984 标准:*Moderate thermal environments; Determination of the PMV and PPD indices and specification of the conditions for thermal comfort*,即《中等热环境、预计平均热感觉指数(PMV)和预计不满意百分率(PPD)的测定及条件规范》。

然而通过实测发现 PMV 与实际平均热感觉投票值(Mean Thermal Sensation,MTS)之间存在一定的差异。故 1978 年 Humpreys 提出了"适应性"观点,其认为适应性热舒适是受试者热舒适和适应性行为之间的相互反馈和作用,并在统计大量现场实测数据的基础上,提出了人体适应性模型。该模型很好地解释了该差异产生的原因。随着研究的逐渐深入,尤其是在对自然通风建筑进行研究后发现,PMV 模型不能反映热环境的动态变化对人体热舒适的影响。因此,1998 年,Richard de Dear 等在来自四大洲不同气候区域的 21000 份现场研究的数据分析的基础上提出了非空调建筑"适应性模型(Adaptive Model)",这一模型被 ASHRAE 55 的最新修订版本采纳,称之为自适应舒适标准(Adaptive Comfort Standard,ACS)[4]。适应性模型认为人不仅是环境刺激的被动接受者,同时还是积极的适应者,人的适应性对热感觉的影响超过了自身热平衡。面对非空调环境下的 PMV 与实际热舒适调查结果有着较大偏差的事实,Fanger 等人研究认为,这主要是由于在非空调环境下人们对环境的期望值低,在自然通风环境下的受试者觉得自己注定要生活在热的环境中,所以容易满足,给出的 PMV 就偏低[5]。为了使 PMV 模型在非空调环境下也能适用,Fanger 提供了在温暖气候下非空调房间 PMV 的修正模型,引入了一个值为 0.5~1.0 的期望因子 e 来修正当量稳态空调条件下计算出来的 PMV[6]。

2. 国内研究现状

在国内,热湿环境的研究起步较晚,是基于改革开放后,随着经济的发展和人民生活水平的提高,我国的人居环境获得了较大的改善,人们才更加关注影响人体热感觉和室内热环境的舒适度。但我国研究人员借用 Fanger 的研究成果对我国热环境进行评价时,发现存在一定差异,如对北京市住宅热环境进行研究后发现,自然通风条件下北京普通住宅的热环境基本处于 ASHRAE 舒适区之外,80% 的居民可接受的热环境对应的有效温度上限为 30℃,受试者的实测热感觉值普遍低于 Fanger 的预测评价指标 PMV[7]。在 2000 年和 2001 年夏季,中国疾病预防控制中心环境所针对空调环境和非空调环境下人体的热感觉,分别在上海和江苏等地以问卷方式进行了调查,研究发现非空调环境基本都在 ASHRAE 舒适区之外,被调查者的平均热感觉普遍低于 PMV 计算值,相当于 0.64PMV,可接受的热环境上限温度为 30℃,即不使用空调的人群,对热的耐受能力和对热环境参数的变化的接受程度要比使用空调的人群要强一些[8]。Yao 等人[9]对重庆地区自然通风建筑热环境进行研究后得出过渡季节的热感觉投票(Thermal Sensation Vote,TSV)与室内空气温度（T_a）的关系为 TSV = 0.2218T_a - 4.4751，而在夏季工况下，可接受的舒适温度与室内空气温度的关系为 T_{act} = 0.4538T_a + 15.11。

我国地域辽阔，南北跨越热、温、寒几个气候带，气候类型多种多样，各地区居民生活习惯不同，地区之间经济发展不平衡，人们经济承受能力不同，必将导致人们对热湿环境的生理适应性和心理期望值的差异。故在对大量自然通风建筑热环境研究的基础上，姚润明等人根据自动控制"黑箱理论"，在 Fanger 的 PMV 模型的基础上提出了一种理论性的热舒适适应性模型：预计适应性平均热感觉指数（aPMV）模型，此模型充分考虑了人体心理和行为上的适应性，用适应性系数 λ 来修正采用 Fanger 的 PMV 方法所产生的偏差[10]。同时李百战基于重庆住宅夏季室内热环境状况的调查与实测，建立了室内热环境模拟与评价模型，并且通过对热舒适现场实测数据进行回归分析，得到了人体热感觉关于空气温度或操作温度或新有效温度的回归方程，并据此计算出热中性温度。与 ISO 7730 舒适标准、ASHRAE 舒适标准等进行比较，用回归方程预测热中性温度比用热舒适模型（如 PMV）预测热中性温度更准确[9]。

然而，随着国民经济的逐年增加，建筑能耗也逐年攀升，截至 2017 年，中国能源消费占全球能源消费总量的 23.2%。中国已经取代美国成为世界上最大的能源消费国[11]。在所有的能源消费部门中，建筑行业的能源消费倾向最高。在中国，建筑行业的能源使用量占能源总使用量的 31.4%，这种巨大的能源消耗不仅是建筑性能的结果，也是室内热质量的结果[12]。热质量直接关系到生活质量，尤其是在中国北方，随着建筑行业的发展和对室内热环境的重视，供暖能耗呈持续上升的趋势。故无论是"十一五""十二五"还是"十三五"规划，国家重点研发计划项目的相关研究重点都提出了提升建筑环境，降低建筑能耗的目标。例如，"十一五"规划提出了城镇人居环境改善与保障关键技术研究、既有建筑综合改造关键技术研究与示范与建筑节能关键技术研究与示范；"十二五"规划提出了既有建筑绿色化改造关键技术研究与示范；"十三五"规划提出了提升既有公共建筑综合性能提升的要求。因此，在维持室内良好热环境的前提下，如何降低建筑能耗，是如今既有建筑改造中最为重要的内容。

5.1.2　标准梳理

目前，国际公认的评价和预测室内热环境热舒适的标准为 ASHRAE 55 系列标准和 ISO 7730 系列标准。ASHRAE 55 标准的最新版本为 ASHRAE 55—2017：*Thermal Environmental Conditions for Human Occupancy*（《人体热环境条件》）。ISO 7730 系列标准是根据 Fanger 的研究成果，其现行版本是 ISO 7730—2005（《热环境人类工效学——基于 PMV-PPD 计算确定的热舒适及局部热舒适判据的分析测定和解析》）。在我国，目前通用的国家标准是《民用建筑室内热湿环境评价标准》（GB/T 50785—2012）。

1.　ASHRAE 标准

对于人工空调环境，ASHRAE 标准从最初的版本到 1967 的版本中均采用有效温度指标（ET）。但其局限性在于低温区湿度对热感觉的影响被过高估计，而在高温区该影响又被过低估计。之后，在 ASHRAE 55—1974 和 ASHRAE 的 1977 年版手册基础篇中首次采用新有效温度(ET*)，该指标同时考虑了辐射、对流和蒸发三种因素的影响，因而受到了广泛的采用，但其大小仍然是依赖评价者的主观感觉确定[13]。ASHRAE 55—1981 标准中关于风速的部分引用了操作温度这个指标[14]。ASHRAE 55—2004 标准中引用了 PMV。先根据现有环境参数及人体代谢参数计算确定 PMV 大小，再根据 PMV 大小和 PPD 范围确定环境热感觉等级，进而判断现有环境是否达到舒适标准[15]。ASHRAE 55—2004 标准还对局部不舒适情况提出了垂直温差引起的不舒适率、不同辐射位置引起的不舒适率、冷暖地板引起的不舒适率及与吹风感引起的不舒适率等评价指标，并给出了线算查询图。ASHRAE 55—2017 标准中，在原有指标的基础上增加了另一个指标 —— 标准有效温度指标(SET*)[16]。

而对于非空调采暖环境，ASHRAE 55—2004 中首次提出了人体热适应性模型，其采用的是操作温度作为室内热环境指标，室外月平均温度为室外气候指标，引入了人体适应性模型。

在最新的 ASHRAE 55—2017 标准中，室内舒适区范围有两种方法确定，一种为实验方法，实验确定的热环境舒适区间见表 5-1。但是，若夏季室内操作温度超过 26℃ [相对湿度 50%，热阻 0.5clo(克罗值)]，平均风速则可相应提高，操作温度每升高 1℃，平均风速可升高 0.275m/s，舒适操作温度可升至 28℃，风速对舒适温度的补偿最高为 3℃，平均风速最高 0.8m/s。若室内风速大于 0.2m/s，则可对室内舒适区进行补偿，并在原标准的基础上增加风速对室内舒适温度的补偿方法 —— SET*法，即通过计算 SET* 来评价风速对舒适温度的补偿。对于局部热不舒适情况也有相应的区间限定，见表 5-2 和表 5-3。另一种方法是计算法，即通过计算 PMV，保证 PMV 在±0.5 范围内，且无湿度限度规定，即热舒适区中相对湿度可低至 0%，也可高达 100%。

表 5-1　ASHRAE 55—2017 规定的热环境舒适区间[16]

季节	夏季	冬季
空气干球温度/℃	22.5～27	20～24.5
空气相对湿度/%	25～65	20～70
风速/(m/s)	≤0.25	≤0.15

表 5-2　局部热不舒适率[16]

吹风感引起的不舒适率	垂直温差引起的不舒适率	冷暖地板引起的不舒适率	不对称性热辐射温度引起的不舒适率
<20%	<5%	<10%	<5%

表 5-3　可接受不对称性热辐射温度[16]

暖天花板	冷墙壁	冷天花板	暖墙壁
<5℃	<10℃	<14℃	<23℃

2. ISO 7730 标准

自 1984 年国际标准组织采用 PMV-PPD 热舒适评价指标制定了 ISO 7730—1984 标准以来，ISO 7730 系列标准已有 ISO 7730—1984[17]、ISO 7730—1994[18]、ISO 7730—2005[19]三个版本，其理论基础均为 Fanger 提出的 PMV-PPD 热舒适模型，且评价指标并没有太大变化，ISO 7730—2005 标准中给出了标准服装(夏季热阻 0.5clo，冬季热阻 1.0clo)和活动量(人员代谢率≤12met)情况下的室内热环境等级划分标准，见表 5-4。ISO 7730—2005 在 ISO 7730—1994 规定的冷吹风感引起的不舒适率的基础上，增加了对其他三种局部热不舒适情况即垂直温差、冷暖地板及不对称性热辐射温度引起的不舒适率的规定，得出室内热环境局部热不舒适率的等级判定，见表 5-5。

表 5-4　ISO 7730 — 2005 规定的热环境等级划分标准[19]

等级	预计平均热感觉指数(PMV)	操作温度/℃		预计不满意百分率(PPD)/%	最大风速/(m/s)	
		夏季	冬季		夏季	冬季
A	−0.2 < PMV < +0.2	24.5±1.0	22.0±1.0	< 6	0.12	0.10
B	−0.5 < PMV < +0.5	24.5±1.5	22.0±1.5	< 10	0.19	0.16
C	−0.7 < PMV < +0.7	24.5±2.5	22.0±3.0	< 15	0.24	0.21

表 5-5　ISO 7730 —2005 热环境局部热不舒适率等级判定[19]

等级	人体的整体热感觉		局部热不舒适率			
	预计平均热感觉指数(PMV)	预计不满意百分率(PPD)/%	冷吹风感	垂直温差	冷暖地板	不对称性热辐射温度
A	−0.2 < PMV < +0.2	< 6	< 10	< 3	< 10	< 5
B	−0.5 < PMV < +0.5	< 10	< 20	< 5	< 10	< 5
C	−0.7 < PMV < +0.7	< 15	< 30	< 10	< 15	< 10

对于非空调采暖环境，ISO 7730—2005 增加了适应性的内容，对服装热阻、其他适应形式对热舒适的影响及适用范围进行了说明，并规定自然通风建筑、热带气候区或气候炎热季节的建筑中人们主要通过开关窗户控制热环境时，允许将可接受热环境范围适当扩展，但是没有给出定量规定，没有提出准确的指标和模型对自然通风的建筑进行评价。

3. 《民用建筑室内热湿环境评价标准》(GB/T 50785—2012)

《民用建筑室内热湿环境评价标准》(GB/T 50785—2012)提出了一个适用于我国空调环境(人工冷热源环境)的评价方法和等级划分区间，见表 5-6，其中存在人工冷热源情况下的建筑室内热环境的等级划分区间见表 5-7[20]。该标准中也允许偏热环境下风速对温度的补偿，对风速上限及风速对温度补偿方法直接采用了 ASHRAE 55—2017 中的规定。

GB/T 50785—2012 在非人工冷热源热环境评价中用到了预计适应性平均热感觉指标

（aPMV），该指标为重庆大学课题组应用自适应调节原理，在稳态热平衡的 PMV-PPD 模型基础上提出了用于实际建筑热湿环境评价的 aPMV 模型，并给出了 aPMV 的等级划分区间，见表 5-8。

表 5-6　GB 50736—2012 规定的热环境等级划分区间[20]

空气干球温度/℃	供热工况	I 级热舒适度	22～24
		II 级热舒适度	18～22
	供冷工况	I 级热舒适度	24～26
		II 级热舒适度	26～28
空气相对湿度/%	供热工况	I 级热舒适度	≥30
		II 级热舒适度	—
	供冷工况	I 级热舒适度	40～60
		II 级热舒适度	≤70
风速/(m/s)	供热工况	I 级热舒适度	≤0.2
		II 级热舒适度	≤0.2
	供冷工况	I 级热舒适度	≤0.25
		II 级热舒适度	≤0.3

表 5-7　人工冷热源情况下的室内热环境等级划分区间[20]

等级	整体评价指标		局部评价指标		
	预计不满意百分率（PPD）	预计平均热感觉指数（PMV）	冷吹风感引起的局部不满意率（LPD_1）	垂直温差引起的局部不满意率（LPD_2）	地板表面温度引起的局部不满意率（LPD_3）
I	PPD≤10%	−0.5≤PMV ≤ +0.5	$LPD_1 < 30\%$	$LPD_2 < 10\%$	$LPD_3 < 15\%$
II	10% < PPD≤ 25%	−1≤PMV <−0.5 或 +0.5 < PMV≤1	30%≤ $LPD_1 < 40\%$	10%≤$LPD_2 < 20\%$	15%≤$LPD_3 < 20\%$
III	PPD > 25%	PMV <−1 或 PMV > +1	$LPD_1 \geq 40\%$	$LPD_2 \geq 20\%$	$LPD_3 \geq 20\%$

表 5-8　非人工冷热源情况下的室内热环境等级划分区间[20]

等级	评价指标（aPMV）
I	−0.5≤aPMV≤+0.5
II	−1≤aPMV <−0.5 或 0.5 < aPMV≤1
III	aPMV <−1 或 aPMV > 1

ISO 7730、ASHRAE 55 与 GB/T 50785 系列标准所依据的理论基础相同，均为 Fanger 的人体热舒适理论，均采用整体热舒适评价指标和局部热不舒适各评价指标，各标准的最新版本中都采用了 PMV 和 PPD 等指标，且 PMV 的确定方法均包括计算法，且局部热不舒适评价指标中的子项也有所重合，即吹风感、垂直温差、冷暖地板。但三者也有不同之处：对于整体热舒适指标，ASHRAE 55—2004 之前使用的指标多为实验性指标，如新的

有效温度(ET*)、标准有效温度指标(SET*)等，直到 ASHRAE 55—2004 才采用计算指标 PMV 和 PPD 等；ISO 7730、GB/T 50785 系列标准则是一开始就采用了计算指标[21]。

综合对比 ASHRAE 55—2017、ISO 7730—2005 和 GB/T 50785—2012 三个标准的热舒适区间可以发现，三个标准对于温度、湿度和风速的相关限值存在一定的差异，但相比较而言对各个标准限值相差不大，比较显著的不同在于 ISO 7730—2005 和 GB/T 50785—2012 对评价指标的范围做了进一步的细化，如 ISO 7730—2005 将热环境分为 A、B、C 三种等级，各等级分别给出了相应范围；GB/T 50785—2012 将热环境分为 I 级、II 级两种等级[21]，具体见表 5-9。

表 5-9　各标准规定的热环境等级划分标准

标准	等级	操作温度/℃		空气相对湿度/%		最大风速/(m/s)	
		夏季	冬季	夏季	冬季	夏季	冬季
ISO 7730—2005	A	24.5±1	22±1	—	—	0.12	0.10
	B	24.5±1.5	22±2	—	—	0.19	0.16
	C	24.5±2.5	22±3	—	—	0.24	0.21
GB/T 50785—2012	I 级热舒适度	24~26	22~24	40~60	≥30	≤0.25	≤0.2
	II 级热舒适度	26~28	18~22	≤70	—	≤0.3	≤0.2

5.2　室内声环境

5.2.1　室内声环境要求的发展

1. 国外研究现状

1900 年，美国学者赛宾第一次提出了混响时间的概念[17]，随着研究的深入，人们发现当空间趋向于特殊空间时，由于声场不再是扩散声场，混响时间在空间分布上也不再均匀，所以赛宾公式及改进公式也不再适合用，迄今为止，发现的非扩散空间有长空间、扁平空间、耦合空间[18]。在声环境影响的评价中，国外采用了噪声实测的方法，并提出了进一步的改进措施。在声环境污染方面采用了神经-模糊方法，研究了声环境污染对人的烦扰程度的影响。在声学舒适性的主观评价中，验证了中庭空间混响时间随声源与接收点位置不同的变化，认为混响时间可以用评价空间的平均混响时间，而具体某一点的混响时间应通过计算机模拟来单独计算[22]。国外在研究墙体隔声理论方面，早期比较著名的著作 *Theory of sound* 中提出了不可压缩无限大墙的隔声理论，并导出了薄墙阻尼计算的著名的质量定律[23]。阻尼就是使自由振动衰减的各种摩擦和其他阻碍作用。在声学设计中，通过 CATT 声学模拟软件进行计算机模拟和实际测量声学参数，建立了一个适用于此空间的声学模型，最终通过在倾斜的天花板和地板上应用吸声材料，达到了舒适的使用效果。在对无限大板传声损失的研究中引用弹性力学理论，发现了声波投影波长与板的弯曲波长符合时的吻合效应，使原来质量定律不能描述的出现在实际构件传声损失曲线上的低谷现象得到了解释[24]。随后又提出了单层墙和双层墙的隔声在混响声场中的计算理论。在对各种窗、墙体和楼板等的实际测试中，发现了影响多层构造形式隔声性能的一些因素，如最常见的多层构造"质量-弹簧-质量"组成的共振系统、实际构造中连接件形成的声桥等。同时还提出了提高这种复合结构隔声效果的具体方法和措施。关于"质量-弹簧-质量"组成的共振系统构成的双层或多层结构导致低频率隔声效果下降的问题，提出了有源噪声控制的方法，这个研究方法是前所未有的，且非常有效，开辟了一个新的研究领域[25]。

随着研究的深入，公共建筑的声环境问题逐渐引起人们的关注[26]。对这类建筑，人们普遍认同公共空间在声学上具有混响时间长、噪声声压级高、容易产生回声和声聚焦等声学缺陷，从而会导致使用者出现交流困难、心情烦躁等问题。目前的研究多集中在新建公共建筑的实践领域，在公共建筑室内声场特性及改善方面还有待进一步的研究。在房屋建筑隔声研究中，通常把声音分为空气传声和固体传声。前者指的是在空气中激发，经过构件传到邻室的声音；后者指的是由固体振动、撞击激发而传到别处的声音，最后还是通过空气传入人耳。

2. 国内研究现状

在国内，学术界对公共空间声学特性的研究起步较晚。20 世纪 70～90 年代，我国对声环境只是进行简单的调查，改革开放以后，我国对声环境问题才越来越重视，研究偏向于实际测量与模拟，多为定性分析，在理论分析方面的研究仍有待深入。

对公共空间的声学研究主要集中在实践领域，偏向于具体类型建筑。在进行大型体育馆声学设计中，发现体育馆设计标准中的一些不足，提出体育馆声学设计是建筑声学和扩声系统的结合；体育馆不存在传统意义上的最佳混响时间，现行的体育馆设计标准中的混响时间标准放宽要求后，仍能满足体育馆的声学需求[27]。在报告厅声学设计中，目前采用软件模拟和实测方式进行声学评价，既验证了软件模拟的可靠性，也发现了混响时间的重要性，并提出了一些改善大型厅堂声场预测准确度的方法[28]。

我国城市噪声主要来源于道路交通噪声，其次是建筑施工噪声、工业噪声及社会生活噪声等。随着城市道路系统及交通设施的发展，噪声干扰问题越来越突出，临街的建筑受到干扰的程度尤甚。因此在既有建筑改造过程中，必须关注声环境问题[29]。在声环境方面，按照相关技术规范并以城市总体规划为指导，研究了声环境功能区划的相关问题。采用噪声的相关标准规范，以及传统的噪声监测评价等方法，探索了 3S 技术［指的是遥感技术（Remote Sensing，RS）、地理信息系统（Geography Information Systems，GIS）和全球定位系统（Global Positioning Systems，GPS）］在声环境功能区划中的应用。随着地理信息系统的快速发展，其在环境噪声方面的应用越来越广泛，并发挥着越来越重要的作用，并且在环境噪声研究上体现了较强的能力和极好的效果，为环境噪声研究提供了一种方便、快捷与先进的手段。地理信息系统利用强大的数据管理、储存和显示的空间分析功能，实现数据的管理、统计与分析，从而得到噪声环境污染的空间分布特征，进而对区域环境噪声进行评价与预测，并可以使结果可视化。地理信息系统在环境噪声的具体应用，可分为噪声管理系统、噪声监测、环境噪声评价及噪声区划等方面[30]。

高架道路、轨道交通、铁路等交通噪声对周边既有建筑的不良影响已成为群众突出反映的环境问题。目前，以实际隔声改造工程为背景，进行既有建筑隔声降噪技术的研究，已形成一套完整、有效的既有建筑降噪隔声改造成套技术。近年来，随着我国航空事业的快速发展，同时机场大规模扩建，与城市的距离也越来越近，导致越来越多的居民受到飞机噪声污染的困扰，在既有建筑隔声改造方面可供借鉴的研究成果较少，且缺乏实际案例，部分技术推广项目缺乏长效后评估，对实践的指导性不强。因此针对机场航空噪声的特点，如何选择经济合理的适用技术有效改善建筑室内声环境，亟待进一步深入研究[31]。

5.2.2 标准梳理

随着社会的进步及城乡建设的推进，区域用地类型和土地现状使用功能发生了较大调整，各类环境噪声功能区的内涵与范围有了新的变化，同时考虑到技术规范在实际使用过程中存在的不足，2008 年，中华人民共和国环境保护部(现为中华人民共和国生态环境部)及中华人民共和国国家质量监督检验检疫总局发布了《声环境质量标准》(GB 3096—2008)，用于替代 GB 3096—1993 及 GB/T 14623—1993。与原标准相比，《声环境质量标准》(GB 3096—2008)主要做了几项内容的改进：扩大了标准适用区域，将乡村地区纳入标准适用范围，提出了声环境功能区监测和噪声敏感建筑物监测的要求[32]。

在《声环境质量标准》(GB 3096—2008)中，按区域的使用功能特点和环境质量要求，可将声环境功能区分为以下五种类型：

0 类声环境功能区：指康复疗养区等特别需要安静的区域。

1 类声环境功能区：指以居民住宅、医疗卫生、文化教育、科研设计、行政办公为主要功能，需要保持安静的区域。

2 类声环境功能区：指以商业金融，集市贸易为主要功能，或者居住、商业、工业混杂，需要维护住宅安静的区域。

3 类声环境功能区：指以工业生产、仓库物流为主要功能，需要防止工业噪声对周围环境产生严重影响的区域。

4 类声环境功能区：指交通干线两侧一定距离之内，需要防止交通噪声对周围环境产生严重影响的区域，包括 4a 类和 4b 类两种类型。4a 类为高速公路、一级公路、二级公路、城市快速路、城市主干路、城市次干路、城市轨道交通(地面段)、内河航道两侧区域；4b 类为铁路干线两侧区域。

《声环境质量标准》中噪声限值依据为等效连续 A 声级。等效连续 A 声级简称为等效声级，指在规定测量时间 T 内 A 声级的能量平均值，用 $L_{Aeq,T}$ 表示(简写为 L_{eq})，单位 dB(A)。根据定义，等效连续 A 声级表示为

$$L_{eq} = 10 \lg \left(\frac{1}{T} \int_0^T 10^{0.1L_A} \mathrm{d}t \right) \tag{5-1}$$

式中：L_A——t 时刻的瞬时 A 声级；T——规定的测量时间段。

以办公室为例对比分析各标准对声环境的要求，可以发现，A 声级是目前室内声环境评价指标的主流，另外，各标准也在不断简化，《健康建筑评价标准》(T/ASC 02—2016)

采用房间功能类型取代建筑、房间类型，进行了一定程度简化，见表5-10。

表5-10 声环境标准   单位：dB(A)

标准名称	房间或场所名称	等效连续A声级	
		高要求	低限标准
《民用建筑隔声设计规范》(GB 50118—2010)[33]	单人办公室	≤35	≤40
	多人办公室	≤40	≤45
	电视电话会议室	≤35	≤40
	普通会议室	≤40	≤45
《健康建筑评价标准》(T/ASC 02—2016)[34]	有睡眠要求的主要功能房间	≤30	(30,35]
	集中精力、提高工作效率的功能房间	≤35	(35,37]
	通过自然声进行语言交流的场所	≤40	(40,42]
	通过扩声系统传输语言信息的场所	≤45	(45,50]

5.3　室内光环境

依据相关标准，对办公建筑、商业建筑、医疗建筑、教育建筑、旅馆建筑的照明标准及采光标准要求进行了总结，同时整理了各类建筑的区域划分及光环境评价指标等级要求。

5.3.1　室内光环境要求的发展

1.　国内外研究现状

室内光环境的内涵很广，一般指的是由光与颜色在室内建立的与房间形状有关的生理(物理)和心理(感知)环境，光环境分为自然光环境和人工光环境。公共建筑的室内光环境对于人员的用眼健康、心理和生理感受等多方面也产生重要的影响。

针对光环境的相关研究在国外起步较早，研究涉及的面也比较广，尤其是在西方国家，取得了较为成功的理论成果，并提出了相应的研究方法，具有一定的使用价值和参考意义。与国外研究相比，国内关于建筑光环境的研究起步较晚，"十二五"时期之前的研究相对较少，但近几年随着国家重点研发计划的启动实施，我国学者也取得了不少的重要研究成果。

2.　国外研究现状

国外学者编写了许多涉及建筑照明或光环境设计的专著及手册，对人的视知觉、光的特性、建筑中的人工光和自然光、灯具性质、照明及采光设计等做了详细的介绍，全面系统地讲解了建筑照明和采光的相关知识。也有不少研究者从建筑环境专业的角度出发，对视觉环境进行了测试与定量分析，甚至还进行了模拟及数学建模的研究。

此外，目前国外对展示空间或者其他空间形式的光环境研究，更加强调认知心理学的作用，研究人员均会考虑特定的光照、特定的环境，从而关注光对人们身心健康的影响。20 世纪 70 年代，视觉认知心理在认知心理学的基础上被提出，通过光的传达产生图像识别与视觉刺激等心理影响，形成视觉再认与视觉表象。

基于大量的研究和实验成果，西方不少发达国家制定了较为完备的光环境或照明设计标准规范，并基本形成了统一认知，即能提供良好可见度的照明，并不一定能提供令人舒适的视觉照明。良好的照明环境主要是可见度即照度水平，同时要考虑整个环境的外观，使照明环境的氛围配合建筑功能的需要，在视觉上令人满意，并且没有过度的不舒适眩光。环境的外观是通过照明的亮度、光线的分布、空间的阴影、造型立体感、光源的颜色一起塑造的。现在国际上照明设计的理念正在从传统的"照明的功能只是照明"的观点向"照明系统是一种给用户提供舒适的和环保的工具"的新观念变化。在这个理念的基础上北美照明学会的设计工程师在 2000 年发布的《北美照明手册》中提出了新的照明设计概念，照明质量满足人的需求、经济与环境、建筑三方面的要求。广义上的高质量的照明，不再是以前为"明"而"照"的满足基本明视功能的照明，而是将人的需求、经济与环境、建筑相结合的一项系统性工程，这已经成为照明设计的新发展、新思路，也成为照明质量的评价的新指标。

3. 国内研究现状

目前，在建筑室内的光环境、采光和照明设计和改造方法的理论研究方面，国内大部分研究人员从光的物理特性、灯具特性、满足功能性的布点方式等基础方面进行探讨，相关学者也梳理总结了不少国际领先的光环境研究理论或技术成果，同时编写了诸多经典且很有指导意义的书籍论著、教材和技术指南。但专题类光环境设计的分析与应用方法系统总结较少，不能满足照明行业的应用需求及参考。

在自然光环境方面，现阶段国内在自然光环境领域的相关理论研究较多，研究角度和内容也呈现多样化，一些相关专业的学者对于自然采光的研究也取得了一定的成果，但多处于理论探索阶段。在理论深度上，大部分的研究以采光计算为主，对室内自然采光调控措施方面的研究比较缺乏。在国内学者的书籍专著中对于建筑自然采光的研究，多是从宏观方面进行研究，对具体的自然光利用的措施研究得比较少。部分学者从节能的角度出发，对建筑采光设计进行了研究。还有一些学者也从材料、遮阳等方面研究采光设计。但是这些研究的成果依然局限在定性的描述，数据多为测绘数据，缺乏能耗与室内环境的实测数据和定量分析来佐证研究结论。国内相关论著对自然采光的构成及影响因素进行了综合分析，系统地介绍了自然采光的发展，就采光口的基本形式、采光设计的步骤、采光的标准等方面做了详细的分析，并且对室内光环境的设计目的、基本原则、基本手法和分类做了详细的概述。

在人工光环境方面，目前部分科研机构和高校等开展了大量的调研测试，对建筑能耗、节能设备等诸多方面进行了实测，并提出了改进建议和方法。国内建筑照明领域相关论文的研究思路多停留在建筑方案阶段，对既有建筑的室内人工光环境优化的研究关注较少，同时对改造建筑的室内光环境的专门论述较少，相关的学位论文研究多侧重于改造建筑的空间和功能的研究。部分研究人员喜欢应用现代计算机技术对采光设计进行模拟改造，但是由于这些结论往往是从工程师的角度分析得来，其定量分析方法、过程与结论相对于建筑师而言，理解难度较大，所以不利于总结并运用在公共建筑的新建与改造设计中。国内相关论著对人工照明的光源、灯饰种类及用途做了总结，对室内人工照明的方式及布局方式做了详细的系统的概括，对人工照明的功能也做了相应的分析。

从现有文献看，在照明和光环境设计方面，主要研究者为建筑设计者与大学教授和学生，偏重于定性分析；或者为设计方案图集与实例简介，缺乏对大型公共建筑的具体而翔实的调研和分析，以及一定量的结论。少数文献从结构安全、节能等方面提出了技术构造方面的措施，但缺乏和居住建筑的区别，没有考虑到大型公共建筑进深大和人流量大等方面的特殊要求，总的来说还是对现有技术资料的整合。

5.3.2 标准梳理

1. 五类公共建筑的室内光环境要求

1）办公建筑光环境要求

a.人工照明要求

根据规范《建筑照明设计标准》（GB 50034—2013）的要求，办公建筑照明标准值应符合表 5-11 的规定[35]。

表 5-11 办公建筑照明标准值[35]

房间或场所	参考平面及其高度	照度标准值/lx	UGR	R_a	U_o
普通办公室	0.75m 水平面	300	19	80	0.6
高档办公室	0.75m 水平面	500	19	80	0.6
会议室	0.75m 水平面	300	19	80	0.6
接待室、前台	0.75m 水平面	300	—	80	0.4
营业厅	0.75m 水平面	300	22	80	0.4
设计室	实际工作面	500	19	80	0.6
文件整理、复印、发行室	0.75m 水平面	300	—	80	0.4
资料、档案室	0.75m 水平面	200	—	80	0.4
视频会议室	0.75m 水平面	750	19	80	0.6

注：URG 的全称为 Unified Glare Rating，统一眩光值；U_o 为一般照明照度均匀值；R_a 为显色指数。

b.自然采光要求

办公建筑功能复杂，其采光标准主要按 150 lx、300 lx、450 lx 和 600 lx 四个档次划分，根据《建筑采光设计标准》（GB 50033—2013），其采光标准值应符合表 5-12 的规定[36]。

表 5-12　办公建筑的采光标准值[36]

采光等级	房间或场所名称	侧面采光		天然光眩光指数（DGI）
		采光系数标准值/%	室内天然光照度标准值/lx	
II	设计室、绘图室	4.0	600	23
III	办公室、会议室	3.0	450	25
IV	复印室、档案室	2.0	300	27
V	走道、楼梯间、卫生间	1.0	150	28

注：DGI 的全称为 Daylight Glare Index。

2）商业建筑光环境要求

a.人工照明要求

根据规范《建筑照明设计标准》（GB 50034—2013）的要求，商业建筑照明标准值应符合表 5-13 的规定[35]。

表 5-13　商业建筑照明标准值[35]

房间或场所	参考平面及其高度	照度标准值/lx	UGR	R_a	U_0
一般商业营业厅	0.75m 水平面	300	22	80	0.6
高档商业营业厅	0.75m 水平面	500	22	80	0.6
一般超市营业厅	0.75m 水平面	300	22	80	0.6
高档超市营业厅	0.75m 水平面	500	22	80	0.6
收款台	台面	500*	—	80	0.6
一般室内商业街	地面	200	22	80	0.6
高档室内商业街	地面	300	22	80	0.6
仓储式超市	0.75m 水平面	300	22	80	0.6
专卖店营业厅	0.75m 水平面	300	22	80	0.6
农贸市场	0.75m 水平面	200	25	80	0.4

注：*指混合照明照度。

b.自然采光要求

商业建筑使用功能覆盖面广，各个分区对光的要求差异较大，暂时还没有对商业建筑自然采光的统一标准。

3）医疗建筑光环境要求

a.人工照明要求

根据规范《建筑照明设计标准》（GB 50034—2013）的要求，医疗建筑照明标准值应符合表 5-14 的规定[35]。

表 5-14　医疗建筑照明标准值[35]

房间或场所	参考平面及其高度	照度标准值/lx	UGR	R_a	U_o
治疗室、检查室	0.75m 水平面	300	19	80	0.7
化验室	0.75m 水平面	500	19	80	0.7
手术室	0.75m 水平面	750	19	80	0.7
诊室	0.75m 水平面	300	19	80	0.6
候诊室、挂号厅	0.75m 水平面	200	22	80	0.4
病房	地面	100	19	80	0.6
走道	地面	100	19	80	0.6
护士站	0.75m 水平面	300	—	80	0.6
药房	0.75m 水平面	500	19	80	0.6
重症监护室	0.75m 水平面	300	19	90	0.6

b.自然采光要求

根据《建筑采光设计标准》(GB 50033—2013)的要求,医疗建筑的一般病房的采光不应低于采光等级Ⅳ级的采光标准值,侧面采光的采光系数不应低于 2.0%,室内天然光照度不应低于 300 lx,医疗建筑其他功能区的采光标准值应符合表 5-15 的规定。

表 5-15　医疗建筑的采光标准值[36]

采光等级	房间或场所名称	侧面采光		顶部采光		天然光眩光指数(DGI)
		采光系数标准值/%	室内天然光照度标准值/lx	采光系数标准值/%	室内天然光照度标准值/lx	
Ⅲ	诊室、药房、治疗室、化验室	3.0	450	2.0	300	25
Ⅳ	医生办公室(护士室)、候诊室、挂号处、综合大厅	2.0	300	1.0	150	27
Ⅴ	走道、楼梯间、卫生间	1.0	150	0.5	75	28

4)教育建筑光环境要求

a.人工照明要求

根据规范《建筑照明设计标准》(GB 50034—2013)的要求,教育建筑照明标准值应符合表 5-16 的规定[35]。

表 5-16　教育建筑照明标准值[35]

房间或场所	参考平面及其高度	照度标准值/lx	UGR	R_a	U_o
教室、阅览室	课桌面	300	19	80	0.6
实验室	实验桌面	300	19	80	0.6
美术教室	桌面	500	19	90	0.6
多媒体教室	0.75m 水平面	300	19	80	0.6

续表

房间或场所	参考平面及其高度	照度标准值/lx	UGR	R_a	U_0
电子信息机房	0.75m 水平面	500	19	80	0.6
计算机教室、电子阅览室	0.75m 水平面	500	19	80	0.6
楼梯间	地面	100	22	80	0.4
教室黑板	黑板面	500*	—	80	0.7
学生宿舍	地面	150	22	80	0.4

注：*指混合照明照度。

b. 自然采光要求

根据《建筑采光设计标准》(GB 50033—2013)的要求，教育建筑的普通教室的采光不应低于采光等级Ⅲ级的采光标准值，侧面采光的采光系数不应低于 3.0%，室内天然光照度不应低于 450 lx，教育建筑的其他功能区的采光标准值应符合表 5-17 的规定[36]。

表 5-17　教育建筑的采光标准值[36]

采光等级	房间或场所名称	侧面采光		天然光眩光指数(DGI)
		采光系数标准值/%	室内天然光照度标准值/lx	
Ⅲ	专用教室、实验室、阶梯教室、教室办公室	3.0	450	25
Ⅳ	走道、楼梯间、卫生间	1.0	150	27

5) 旅馆建筑光环境要求

a. 人工照明要求

根据规范《建筑照明设计标准》(GB 50034—2013)的要求，旅馆建筑照明标准值应符合表 5-18 的规定[35]。

表 5-18　旅馆建筑照明标准值[35]

房间或场所		参考平面及其高度	照度标准值/lx	UGR	R_a	U_0
客房	一般活动区	0.75m 水平面	75	—	80	—
	床头	0.75m 水平面	150	—	80	—
	写字台	台面	300*	—	80	—
	卫生间	0.75m 水平面	150	—	80	—
中餐厅		0.75m 水平面	200	22	80	0.6
西餐厅		0.75m 水平面	150	—	80	0.6
酒吧间、咖啡厅		0.75m 水平面	75	—	80	0.4
多功能厅、宴会厅		0.75m 水平面	300	22	80	0.6
会议室		0.75m 水平面	300	19	80	0.6

续表

房间或场所	参考平面及其高度	照度标准值/lx	UGR	R_a	U_o
大堂	地面	200	—	80	0.4
总服务台	台面	300*	—	80	—
休息厅	地面	200	22	80	0.4
客房层走廊	地面	50	—	80	0.4
厨房	台面	500*	—	80	0.7
游泳池	水面	200	22	80	0.6
健身房	0.75m 水平面	200	22	80	0.6
洗衣房	0.75m 水平面	200	—	80	0.4

注：*指混合照明照度。

b.自然采光要求

根据《建筑采光设计标准》(GB 50033—2013)的要求，旅馆建筑的采光标准值应符合表 5-19 的规定[36]。

表 5-19　旅馆建筑的采光标准值[36]

采光等级	房间或场所名称	侧面采光		顶部采光		天然光眩光指数（DGI）
		采光系数标准值/%	室内天然光照度标准值/lx	采光系数标准值/%	室内天然光照度标准值/lx	
III	会议室	3.0	450	2.0	300	25
IV	大堂、客房、餐厅、健身房	2.0	300	1.0	150	27
V	走道、楼梯间、卫生间	1.0	150	0.5	75	28

2. 五类公共建筑照明改造光环境目标

不同建筑对室内光环境的要求不尽相同，即使是同一建筑，不同的功能区对光的需求点也不一样，根据《光环境评价方法》(GB/T 12454—2017)，我国在评价室内光环境时主要依靠八项基本的光环境评价指标[37]，表 5-20 列出了五类公共建筑和八项基本的光环境评价指标。

表 5-20　五类公共建筑和八项基本光环境评价指标

建筑类型	基本光环境质量评价项目
商业、办公、医疗、教育、旅馆	照度、均匀度、眩光值、色温、显色指数、频闪、光谱、光效

对于不同公共建筑对应的功能的重要性把五种公共建筑内部功能区划分为主要功能区域、次要功能区域、一般公共区域和特殊功能区域四大类区域，其对应的每项光环境质量评价项目的着重程度的标准分为 A、B、C、D、E 五个等级，分别对应必须考虑、重点

考虑、一般考虑、可以考虑、可以忽略五种程度，见表 5-21。

表 5-21 五个等级对应的着重程度划分

等级	对应的着重程度
A	必须考虑
B	重点考虑
C	一般考虑
D	可以考虑
E	可以忽略

1）办公建筑

办公建筑的功能区域划分见表 5-22，各类区域的光环境评价指标等级要求见表 5-23。

表 5-22 办公建筑的功能区域划分

办公建筑	房间或场所
主要功能区域	普通办公室
	高档办公室
	会议室
	视频会议室
次要功能区域	厕所
	接待室、前台
	服务大厅、营业厅
	设计室
	文件整理、复印、发行室
	资料、档案存放室
一般公共区域	电梯厅、交通集散空间
	楼梯、过道

表 5-23 办公建筑的光环境评价指标等级要求

评价指标		照度	均匀度	眩光值	色温	显色指数	频闪	光谱	光效
办公建筑	主要功能区域	A	A	A	B	C	B	B	B
	次要功能区域	B	B	B	E	E	E	E	C
	一般公共区域	C	C	C	E	E	E	E	C

2）商业建筑

商业建筑的功能区域划分见表 5-24，各类区域的光环境评价指标等级要求见表 5-25。

表 5-24　商业建筑的功能区域划分

商业建筑	房间或场所
主要功能区域	商店营业厅
	室内商业街
	超市营业厅
	专卖店营业厅
	结算、收款台
	内部物业办公室
次要功能区域	厕所
	接待室、前台
	对外服务台
	仓储室
	资料、档案存放室
一般公共区域	电梯厅、交通集散空间
	楼梯、过道

表 5-25　商业建筑的光环境评价指标等级要求

	评价指标	照度	均匀度	眩光值	色温	显色指数	频闪	光谱	光效
商业建筑	主要功能区域	A	A	A	A	A	E	E	B
	次要功能区域	B	B	B	E	E	E	E	C
	一般公共区域	A	B	C	C	C	E	E	C

3）医疗建筑

医疗建筑的功能区域划分见表 5-26，各类区域的光环境评价指标等级要求见表 5-27。

表 5-26　医疗建筑的功能区域划分

医疗建筑	房间或场所
主要功能区域	治疗室、检查室
	化验室
	诊室
	病房
	药房
	办公室
次要功能区域	厕所
	候诊室、挂号厅
	护士站
	仓储室
	资料、档案存放室
	咨询、服务台
	食堂、厨房

医疗建筑	房间或场所
一般公共区域	电梯厅、交通集散空间
	楼梯、过道
	大堂
特殊功能区域	手术室

表 5-27　医疗建筑的光环境评价指标等级要求

	评价指标	照度	均匀度	眩光值	色温	显色指数	频闪	光谱	光效
医疗建筑	主要功能区域	A	A	A	B	C	C	D	B
	次要功能区域	B	B	B	E	E	E	E	C
	一般公共区域	A	A	A	C	E	E	E	C
	特殊功能区域	A	A	A	A	A	A	A	E

4）教育建筑

教育建筑的功能区域划分见表 5-28，各类区域的光环境评价指标等级要求见表 5-29。

表 5-28　教育建筑的功能区域划分

教育建筑	房间或场所
主要功能区域	课室、阅览室
	实验室
	美术教室
	多媒体教室
	电子信息机房
	教师办公室
	计算机教室、电子阅览室
次要功能区域	厕所
	学生宿舍
	保卫室
	仓储室
	资料、档案存放室
	食堂、厨房
一般公共区域	电梯厅、交通集散空间
	楼梯、过道
特殊功能区域	教室黑板

表 5-29   教育建筑的光环境评价指标等级要求

评价指标		照度	均匀度	眩光值	色温	显色指数	频闪	光谱	光效
教育建筑	主要功能区域	A	A	A	B	C	B	B	B
	次要功能区域	B	B	B	E	E	E	E	C
	一般公共区域	B	B	C	E	E	E	E	C
	特殊功能区域	A	A	A	B	C	A	E	E

5）旅馆建筑

旅馆建筑的功能区域划分见表 5-30，各类区域的光环境评价指标等级要求见表 5-31。

表 5-30   旅馆建筑的功能区域划分

旅馆建筑	房间或场所
主要功能区域	客房
	餐厅
	酒吧、咖啡厅
	多功能厅、宴会厅
	总服务台
次要功能区域	厕所
	厨房
	内部物业办公室
	仓储室
	休息厅
	洗衣房
一般公共区域	电梯厅、交通集散空间
	楼梯、走廊、过道
	大堂

表 5-31   旅馆建筑的光环境评价指标等级要求

评价指标		照度	均匀度	眩光值	色温	显色指数	频闪	光谱	光效
旅馆建筑	主要功能区域	A	C	B	B	C	E	E	B
	次要功能区域	B	B	B	E	E	E	E	C
	一般公共区域	B	C	C	E	E	E	E	C

5.4   室内空气品质

5.4.1   室内空气品质要求的发展

1．国外研究现状

围绕室内空气质量的系统研究最初主要着眼于室内与室外空气质量的关系，以及室内空气污染物对人体健康的影响。1965 年，荷兰学者 Biersteker 等进行了世界上第一个系统的、大规模的室内与室外空气质量的关系的研究。他们以鹿特丹 60 个住户为对象，测定了室内外二氧化硫（SO_2）和烟尘的关系，这一研究表明室内与室外空气质量存在显著的差异，并且室内空气质量对人体健康的影响可能超过室外。1980 年 12 月，美国国家劳动安全卫生研究所发表了针对 15 所建筑物进行的调查报告，并且与美国产业安全局共同发出警告：甲醛应作为重要癌症诱因加以控制。1985 年，美国国家环境保护局（Environmental Protection Agency，EPA）对 650 个家庭中 11～19 种挥发性有机化合物（Volatile Organic Compounds，VOC）的浓度、个体接触量等参数进行了测定，研究表明室内 VOC 的浓度高于室外。世界卫生组织（World Health Organization，WHO）的一个工作小组以此为基础得出了对人类危害的实验性结果。Kraused 在德国调查了 500 户家庭室内 VOC 的污染，共测定了 57 种化合物的浓度，它们在不同家庭中的变动范围很大，最高值和最低值可能相差 3 个数量级。除甲醛外，各种化合物的平均浓度都低于 $25\mu g/m^3$，高于室外浓度 5～8 倍。

发达国家在 30 年前以克服"病态建筑病"开始研究人们的室内生存环境，获得了许多科学研究和工程实践的成果。欧美发达国家对建筑材料释放的 VOC 气体对室内空气的影响及对人体健康的危害程度进行了全面系统的研究，并投巨资建立了专门用于室内环境研究的受控环境舱，如丹麦理工大学建立的室内环境和能源国际、美国劳伦斯·伯克利实验室等。国外对室内空气品质评价也进行了大量的研究，内容包括对大量建筑进行客观评价、主观评价，或二者相结合，或室内空气品质与人体热舒适性评价相结合等。目前国外所从事的室内环境领域的研究开发工作主要集中在病态建筑物综合征的成因及预防、室内环境污染与人类健康等方面。

2. 国内研究现状

国内针对室内空气环境状况方面的探究较之国外开始得较晚。20 世纪 90 年代初，室内装修导致的室内空气污染问题受到人们越来越广泛的关注，我国空气品质研究才开始展开。北京化学毒物检测研究所于 1998～1999 年对北京市 73 个不同类型的旅馆、饭店、宾馆和 17 个楼房住宅、4 个办公场所，共 94 个不同用途建筑的室内环境进行了检测评价，共测试了包括甲醛在内的 8 种 VOC 的室内空气浓度，结果显示各类建筑物的甲醛最高值平均为 $136.3\mu g/m^3$，高于国家标准；平均值比 WHO 报道的国外正常水平高出约 1 倍；同时 7 种不含甲醛的平均水平和总水平也比欧美各国、日本等国家的相应数值高出 1 倍。本次调查表明，装修建筑中 48.7% 的人有显著不良反应，未装修建筑中只有 14.8% 的人有类似反应。

国家为此投入了大量的人力物力进行相关政策、法规的建设和基础学科的研究，逐步开展了有关室内空气品质的检测、建筑和装饰材料中有害物质的释放规律、典型污染物的性质及治理等方面的研究，在改善室内空气品质方面取得了较为丰硕的成果。在此基础上，相继发布了《民用建筑工程室内环境污染控制规范》（GB 50325—2020）、《室内空气质量标准》（GB/T 18883—2002）、《公共场所卫生指标及限值要求》（GB 37488—2019）、《公共建筑室内空气质量控制设计标准》（JGJ/T 461—2019）等国家和行业标准，对控制我国建筑室内空气污染起到了关键作用。

5.4.2　标准梳理

针对室内空气污染物，我国发布了多部标准，现行标准主要包括国家标准《公共场所卫生指标及限值要求》（GB 37488—2019）、《民用建筑工程室内环境污染控制规范》GB 50325—2020）、《室内空气质量标准》（GB/T 18883—2002）、《室内空气中细菌总数卫生标准》（GB/T 17093—1997）、《室内空气中二氧化碳卫生标准》（GB/T 17094—1997）、《室内空气中可吸入颗粒物卫生标准》（GB/T 17095—1997）、《居室空气中甲醛的卫生标准》（GB/T 16127—1995），以及行业标准《公共建筑室内空气质量控制设计标准》（JGJ/T 461—2019)等，这些标准对 17种常见污染物的限值进行了规定，具体见表 5-32。

表 5-32　主要标准中建筑室内污染物浓度控制指标

序号	参数	单位	标准限值	备注	标准
1	SO₂	mg/m³	0.50	1h 均值	GB/T 18883—2002
2	H₂S	mg/m³	使用硫磺泉的温泉场所 10	—	GB 37488—2019
3	NO₂	mg/m³	0.24	1h 均值	GB/T 18883—2002
4	CO	mg/m³	10	1h 均值	GB/T 18883—2002
					GB 37488—2019
5	CO₂	%	0.10	日均值	GB/T 18883—2002
					GB/T 17094—1997
			睡眠、休息的公共场所 0.10；其他场所 0.15	—	GB 37488—2019
6	氨	mg/m³	0.20	1h 均值	GB/T 18883—2002
				—	GB 50325—2020
			理发店、美容店 0.05；其他场所 0.02	—	GB 37488—2019
7	O₃	mg/m³	0.16	1h 均值	GB/T 18883—2002
					GB 37488—2019
8	甲醛	mg/m³	0.08	—	GB/T 16127—1995
			0.10	1h 均值	GB/T 18883—2002
					GB 37488—2019
			I 类民用建筑 0.07；II 类民用建筑 0.08		GB 50325—2020
9	苯	mg/m³	0.11	1h 均值	GB/T 18883—2002
					GB 37488—2019
			0.09	—	GB 50325—2020
10	甲苯	mg/m³	0.20	1h 均值	GB/T 18883—2002
					GB 37488—2019

续表

序号	参数	单位	标准限值	备注	标准
11	二甲苯	mg/m³	0.20	1h 均值	GB/T 18883—2002
					GB 37488—2019
12	苯并(a)芘	mg/m³	1.0	日均值	GB/T 18883—2002
13	PM10	µg/m³	150	日均值	GB/T 17095—1997
					GB/T 18883—2002
					GB 37488—2019
14	PM2.5	µg/m³	共划分为 4 级，分别为 25、35、50 和 75	日均值	JGJ/T 461—2019
15	TVOC	mg/m³	0.60	8h 均值	GB/T 18883—2002
					GB 37488—2019
			I 类民用建筑 0.45；II 类民用建筑 0.50	—	GB 50325—2020
			I 类民用建筑 0.25；II 类民用建筑 0.30	—	JGJ/T 461—2019
16	细菌总数	cfu/m³	2500	—	GB/T 18883—2002
			睡眠、休息的公共场所 1500；其他场所 4000	—	GB 37488—2019
			4000	—	GB/T 17093—1997
17	氡	Bq/m³	400	年平均值	GB/T 18883—2002
					GB 37488—2019
			I 类民用建筑 150；II 类民用建筑 150	—	GB 50325—2020

注：H_2S 为硫化氢；NO_2 为二氧化氮；O_3 为臭氧。

1. GB/T 17093～17095—1997

《室内空气中细菌总数卫生标准》(GB/T 17093—1997)、《室内空气中二氧化碳卫生标准》(GB/T 17094—1997)、《室内空气中可吸入颗粒物卫生标准》(GB/T 17095—1997) 属于系列标准，由中华人民共和国卫生部(现为中华人民共和国国家卫生健康委员会)发布，从公共卫生角度出发，对当时关注度较大的建筑室内细菌总数、CO_2 和可吸入颗粒物限值进行了规定。

2. 《室内空气质量标准》(GB/T 18883—2002)

该标准由中华人民共和国卫生部(现为中华人民共和国国家卫生健康委员会)、中华人民共和国环境保护部(现为中华人民共和国生态环境部)及中华人民共和国国家质量监督检验检疫总局联合颁布，从人体健康密切相关的 SO_2、CO、CO_2、NO_x(氮氧化合物)、氨、O_3、甲醛、苯、苯并(a)芘、细菌总数、可吸入颗粒物、TVOC 等污染物参数，较为全面地对室内污染物限值进行了规定，并要求室内空气应该无异常臭味。同时，该标准还给出了室内空气中各种污染物的检验方法。

3.《民用建筑工程室内环境污染控制规范》(GB 50325—2020)

该规范由中华人民共和国住房和城乡建设部颁布,主要从建筑材料和装修材料中污染物的含量限制来对建筑室内的空气质量进行控制,包括无机非金属建筑主体材料和装修材料、人造木板及饰面人造木板、涂料、胶黏剂、水性处理剂、其他材料等,对这些材料的放射性限量、游离甲醛、苯、甲苯、二甲苯、乙苯、二异氰酸酯、氨等含量进行了规定,并要求在建筑竣工验收时,对室内氡、甲醛、氨、苯、TVOC 等浓度值的进行抽检。

4.《公共建筑室内空气质量控制设计标准》(JGJ/T 46—2019)

该标准由中华人民共和国住房和城乡建设部于 2019 年首次发布,从设计的角度对甲醛、苯、甲苯、二甲苯等 VOC 及细颗粒物(PM2.5)等公共建筑主要污染的物浓度提出控制策略,适用于新建、扩建和改建的公共建筑的室内空气质量控制设计。

作者:重庆大学　丁勇、缪玉玲、范凌枭、唐浩、刘一凡

参 考 文 献

[1]李亚亚. 夏热冬冷地区居住建筑冬季室内热舒适研究——以杭州、合肥为例[D]. 西安:西安建筑科技大学,2013.

[2]王烨,曾立云. 热舒适参数选取中存在的问题分析[J]. 人类工效学,2009,15(01):24-27.

[3]刘欧子,胡欲立,刘训谦. 人体热舒适与室内空气品质研究——回顾、现状与展望. 建筑热能通风空调,2001,21(2):26-28.

[4]DEAR R D, BRAGER G S. Developing an adaptive model of thermal comfort and preference[J]. ASHRAE Trans, 1998, 104(1): 145-167.

[5]欧阳沁,戴威,周翔等. 自然通风环境下的热舒适分析[J]. 暖通空调,2005,35(8):16-19.

[6]刘晶. 夏热冬冷地区自然通风建筑室内热环境与人体热舒适的研究[D]. 重庆:重庆大学,2007.

[7]夏一哉,赵荣义,江亿. 北京市住宅环境热舒适研究[J]. 暖通空调,1999,(02):1-5.

[8]纪秀玲,戴自祝,甘永祥. 夏季室内人体热感觉调查[J]. 中国卫生工程学,2003(03):17-19.

[9]YAO R, LI B, STEEMERS K. Field study on thermal comfort in hot-humid climate[J]. Clima, 2005: 9-12

[10]姚润明. 室内气候模拟及热舒适研究[D]. 重庆:重庆大学,1997.

[11]舟丹. 中美两国在世界能源消费中的比重[J]. 中外能源,2019,24(10):6.

[12]陈健. 建筑节能与建筑设计中的新能源利用[J]. 建材与装饰,2013,(21):1-2.

[13]ASHRAE standard: thermal environmental conditions for human occupancy: ANSI/ASHRAE 55—1974[S]. Atlanta(USA): American Society of Heating, Refrigerating and Air-conditioning Engineers Incorporated, 1974.

[14]ASHRAE standard: thermal environmental conditions for human occupancy: ANSI/ASHRAE 55—1981[S]. Atlanta(USA): American Society of Heating, Refrigerating and Air-conditioning Engineers Incorporated, 1981.

[15]ASHRAE standard: thermal environmental conditions for human occupancy: ASHRAE, ANSI/ASHRAE 55—2004[S]. Atlanta(USA): American Society of Heating, Refrigerating and Air conditioning Engineers Incorporated, 2004.

[16]ASHRAE Standard: Thermal environment conditions for human occupancy: ASHRAE, ANSI/ASHRAE 55—2017[S]. Atlanta(GA): American Society of Heating, Refrigerating and Air-Conditioning Engineers, Incorporated, 2017.

[17] Moderate thermal environments：determination of the PMV and PPD indices and specification of the conditions for thermal comfort: ISO 7730—1984[S]. Geneva（Switzerland）: International Organization for Standardization，1984.

[18] Moderate thermal environments：determination of the PMV and PPD indices and specification of the conditions for thermal comfort: ISO 7730—1994[S]. Geneva（Switzerland）: International Organization for Standardization，1994.

[19]Ergonomics of the thermal environment: analytical determination and interpretation of thermal comfort using calculation of the PMV and PPD indices and local thermal comfort criteria: ISO 7730—2005[S]. Geneva（Switzerland）: International Organization for Standardization, 2005.

[20]中华人民共和国住房和城乡建设部. 民用建筑室内热湿环境评价标准：GB/T 50785—2012[S]. 北京：中国建筑工业出版社，2012.

[21]李伊洁，刘何清，刘天宇，等. 国内外通用室内环境热舒适评价标准的分析与比较[J]. 制冷与空调（四川），2017，31（01）：14-22.

[22]PASSERO C R M, ZANNIN P H T. Statistical comparison of reverberation times measured by the integrated impulse response and interrupted noise methods, computationally simulated with ODEON software, and calculated by Sabine, Eyring and Arau-puchades' formulas[J].Applied Acoustics, 2010. 71（12）: 1204-1210.

[23]BABISCH W, BEULE B, SCHUST M, et al. Traffic noise and risk of myocardial infarction[J]. Epidemiology, 2005, 16（1）: 33-40.

[24]SEWELL E C. Transmission of reverberant sound through a single-leaf partition surrounded by an infinite rigid baffle [J]. Journal of Sound and Vibration, 1970, 12（1）: 21-32.

[25]BERANEK L L. Noise Reduction [M]. New York: Mc Graw-Hill, 1960.

[26]HWANG S, KIM J, LEE S. Prediction of sound reduction index of double sandwich panel [J]. Applied Acoustics, 2015, 93: 44-45.

[27]潘立超, 陆文秋. 大型体育馆建筑声学设计标准探讨[J]. 电声技术，2006，（05）：11-14.

[28]乐意，赵其昌，沈勇，等. 大型厅堂的建筑声学设计方法研究[J]. 南京大学学报（自然科学），2011，47（2）：208-217.

[29]张三明. 武茜. 营造舒适的室内公共声环境[J]. 华中建筑. 2005，（23）：124-125.

[30]柳孝图. 建筑物理[M]. 北京：中国建筑工业出版社，2000.

[31]刘加平. 建筑物理[M]. 4 版.北京：中国建筑工业出版社，2009.

[32]中华人民共和国环境保护部. 声环境质量标准：GB 3096—2008[S]. 北京：中国环境科学出版社，2008.

[33]中华人民共和国住房和城乡建设部. 民用建筑隔声设计规范：GB 50118—2010[S]. 北京：中国建筑工业出版社，2011.

[34]中国建筑学会. 健康建筑评价标准：T/ASC 02—2016 [S]. 北京：中国建筑工业出版社，2017.

[35]中华人民共和国住房和城乡建设部. 建筑照明设计标准：GB 50034—2013 [S]. 北京：中国建筑工业出版社，2013.

[36]中华人民共和国住房和城乡建设部. 建筑采光设计标准：GB 50033—2013[S]. 北京：中国建筑工业出版社，2013.

[37]中华人民共和国国家质量监督检验检疫总局，中国国家标准化管理委员会.光环境评价方法：GB/T 12454-2017[S]. 北京：中国建筑工业出版社，2017.

第6章 室内环境监测仪器现状分析

6.1 建筑室内环境监测需求分析

建筑室内环境健康对于人们十分重要。早在 1988 年美国采暖制冷空调工程师协会就提出了室内环境品质这个概念，室内环境品质如声、光、热环境及空气品质对人的身体健康、舒适性及工作效率都会产生直接的影响。因此，目前增加对室内物理环境的监测对于人们进一步了解室内环境质量及进行室内环境的调控都是十分有必要的，这也是室内环境监测逐渐受到人们重视的原因。例如，办公室、学校、商场等室内场所是人们接触最多的生活环境，对人们的身心健康有重要的影响，因而这些环境的质量监控与我们的日常生活有着十分密切的联系。

从建筑节能及室内环境营造的角度来看，室内环境监测仪器能够及时采集室内环境参数作为相关系统设备调节环境的重要依据。空调通风系统是建筑进行热湿环境调节及空气品质调节的重要系统，在建筑能耗中也占有很高的比重。据调查统计，在现代楼宇建筑中，中央空调的能耗约占整个建筑物总能耗的 50%，在酒店和综合大楼等商业建筑中则可高达60%以上，其中，仅水泵的耗电量就占到空调系统用电量的 20%～40%，存在着很大的能源浪费。目前我国建筑能耗已占全国总能耗的 1/3 左右，这势必会使能源供需矛盾进一步紧张[1]。因此，如果能实现建筑设备的进一步智能化，发展相关参数监测仪器研究，就能在改善室内环境舒适度的同时，有效降低系统能耗，提高能源利用率。

另外，在室内环境污染愈发严重的情况下，由室内环境污染而引发的人口健康问题也越来越突出[2]，人们也逐渐开始重视室内空气质量。当今，人类正面临"煤烟污染""光化学烟雾污染"之后的以"室内空气污染"为主的第三次环境污染。有数据显示，室内空气污染是室外空气污染的 5～10 倍，在特殊情况下可达到 100 倍[3]。专家监测发现，在室内空气中存在 500 多种 VOC，其中致癌物质就有 20 多种，致病病毒 200 多种，其中危害较大的物质主要有氡、甲醛、苯、氨及酯、三氯乙烯等。我国由室内空气污染引起的超额死亡数可达 11.1 万人/年，超额门诊数可达 22 万人次/年，超额急诊数可达 430 万人次/年[4]。大量触目惊心的事实证实，室内空气污染已成为危害人类健康的"隐形杀手"，也成为全世界各国共同关注的问题。因此，针对室内环境空气污染应该监测问题，并寻找科学、有效、适合的方式方法来保证室内空气环境监测工作有效地开展，最大效能地减少室内空气污染对人体的危害[4]。

总体而言，建筑室内环境监测不仅能够有效提升建筑的能源使用效率，增强室内环境的调控，使室内环境更加舒适，也可以加强室内空气品质监测，减少因室内空气污染而导致的健康问题。

6.2　环境监测技术仪器现状

在室内环境监测仪器研究方面，我国的室内空气净化治理行业经过十几年的导入期，现在已步入成长期，并有望在未来几年内保持快速的发展态势。不过，由于我国室内环境监测行业起步较晚，目前人们对监测仪器仍然不了解。目前的仪器市场上许多高质量的分析仪、专用监测仪器和自动监测系统多是从国外引进的，国产仪器则多为一些中低档产品。

根据市场需要，国内也出现了各种空气质量分析仪，这些仪器的基本测量功能都比较单一，价格也低，但是测量可靠性也较差。进口仪器虽然测量可信度相对较高，但是价格昂贵，不适合在各种公共场合广泛使用。所有这些单项参数测量仪器都在向着更高精度、更专业化的场所及特殊需求工作环境的检测应用方向发展，对于普通的人流量较多的公共场合等需要的低廉、分时段定点动态监测、实时报警分析、方便等方面没有涉及[5]。核心技术及对于高技术仪器设备的研发投资的缺乏，导致国产仪器技术水平较低、性能不稳定、故障率高。国外大型企业的研发费用一般占到企业销售总额的 5%～10%，而我国有的大型企业所占的比例还不到 1%，我国产品的寿命周期也大大长于欧美等发达国家，同时，也存在产业组织结构不合理，投资分散，产业集中度低，产品的成套性较差、趋同化现象严重，规模效益差等问题，还存在技术市场不规范，产品标准化程度不高、加工工艺比较落后等问题[6]。另外，经营管理能力较弱、劳动生产率不高的现状使我国在劳动力成本方面的优势发挥受到很大的限制。

从仪器测试参数方面来看，室内物理环境包括热环境、声环境、光环境与空气品质四个方面，涉及十余种主要评价指标，这些环境参数的监测是进行室内物理环境质量改造的基础条件。目前阶段所采用的室内环境的监测仪器通常可采集一到两个参数，因此要做全面的室内环境监测往往需要同时携带多达十余种仪器设备，给室内环境的监测工作增加了难度。国内的一些科研机构与监测仪器生产厂家也进行了相关的研发，形成了一些集成多参数的仪器设备，但由于不同传感器、电路之间存在相互干扰与兼容性问题，通常也仅有 3～5 项监测参数。

室内环境参数的相应测试方法有很多，从监测原理上来说，目前室内环境监测常用的方法可分为三类：化学监测法、物理监测法及生物监测法。化学监测法通常适用于空气污染物的测定，它是指利用污染物与化学试剂反应后通过对反应生成物的处理进行室内环境中有害成分与含量的确定；物理监测法是指通过相应的物理仪器进行室内环境参数的监测，如温度、噪声等参数；生物监测法是指通过对投入到室内环境中的生物种群、个别或集体的变化情况来对室内环境污染情况或变化情况进行反映的一种监测方法。其中，化学监测法的优点是准确度较高，相对误差通常小于 1%，方法简洁，操作疾速，所需用具简略，分析费用较低；其缺点是灵敏度较低，仅适用于样品中常量组分的分析。而物理监测法具有较高的灵敏度，但是需要考虑其成本问题。

针对目前市场上已有的室内环境监测仪器进行调查，可以得到如下规律：

(1)目前室内环境参数仪器主要分为两个类别，即监测空气污染物类参数(如 PM10、PM2.5、TVOC 等污染物)的监测仪器及监测物理参数类(如温度、湿度、照度等参数)的监测仪器。其中，进行污染物监测的仪器中较少有兼顾物理参数(除了温度和湿度)的仪器，并且在与污染物监测相关的监测仪器中，监测参数较为全面的仪器也比较少。

(2)目前市场上针对室内环境参数监测的仪器较少，长期监测的仪器大部分是用于气象站等需要长期进行较高要求的参数监测的环境，这种类型的仪器往往价格较高；用于室内环境监测的仪器数量较少，但往往价格较低，其特点是小巧，易于安装或便于携带。

(3)部分仪器不适用于长期持续的监测，需要专业人员进行测量操作。

总体而言，目前对于室内环境监测仪器，较少有同时结合室内物理参数及空气污染物类的参数的仪器，并且易携带、可长期监测且适用于民用建筑室内环境监测的仪器也比较少。

6.3　室内环境监测相关标准整理

国内对室内环境监测的研究起步较晚，20 世纪 80 年代才开始关注。1987 年，中华人民共和国卫生部(现为中国人民共和国国家卫生健康委员会)颁布了《公共场所卫生管理条例》；紧接着针对 7 类 28 种公共场所推出了相应标准，要求对室内空气中的热环境、室内空气品质等进行检测；随后又针对室内空气中各种污染气体颁布了卫生标准。目前，我国关于室内环境质量实行的是《室内空气质量标准》(GB/T 18883—2002)[7]。《室内环境空气质量监测技术规范》(HJ 167—2004)也对室内环境监测过程的相关要求有较为详细的介绍[8]。

6.3.1　《室内空气质量标准》(GB/T 18883—2002)

《室内空气质量标准》(GB/T 18883—2002)的附录 A《室内空气监测技术导则》中，规定了室内空气监测时的选点要求、采样时间和频率、采样方法和仪器、室内空气中各种参数的检验方法、质量保证措施、测试结果和评价。

在选点要求方面，采样点的数量要根据监测室内面积大小和现场情况而确定，以期能正确反映室内空气污染物的水平。原则上，小于 50m² 的房间应设 1～3 个点，50～100m² 的房间设 3～5 个点，100m² 以上的房间至少设 5 个点，在对角线上或梅花式均匀分布。采样点应避开通风口，离墙壁距离应大于 0.5m。采样点的高度原则上与人的呼吸带高度一致，相对高度为 0.5～1.5m。

在采样时间和频率方面，年平均浓度至少采样 3 个月，日平均浓度至少采样 18h，8h 平均浓度至少采样 6h，1h 平均浓度至少采样 45min，采样时间应包含通风最差的时间段。

在采样方法和采样仪器方面，根据污染物在室内空气中的存在状态，选用合适的采样方法和仪器，用于室内的采样器的噪声应小于 50dB(A)。具体采样方法应按各种污染物检验方法中规定的方法和操作步骤进行。常见的两种采样方法是筛选法采样和累积法采样。其中，筛选法采样，即采样前关闭门窗 12h，采样时也关闭门窗，至少采样 45min；累积法采样，即当采用筛选法采样达不到本标准要求时，必须按累积法(按年平均、日平均、8h 平均值)的要求采样[7]。

同时，《室内空气监测技术导则》中还对质量保证措施提出要求，包括气密性检查、流量校准、空白检验、仪器使用前的检验和标定、相关计算的要求及平行采样时的相关要求。

6.3.2　《室内环境空气质量监测技术规范》(HJ/T 167—2004)

《室内环境空气质量监测技术规范》(HJ/T 167—2004)对监测过程中的布点与采样、样品的运输与保存、监测数据处理与报告、质量保证与质量控制和监测安全等方面做出了详细介绍。在附录部分对各参数的检测方法做出了介绍。

在布点与采样方面，布点原则、布点方式与采样点的高度与 GB/T 18883—2002 一致。在高度方面，也可根据房间的使用功能，人群的高低，以及在房间立、坐或卧的时间的长短，来选择采样高度。有特殊要求的可根据具体情况而定。

采样时间及频率也与 GB/T 18883—2002 的要求一致，并要求经装修的室内环境，采样应在装修完成 7 天以后进行。一般建议在使用前采样监测。封闭时间方面要求监测应在对外门窗关闭 12h 后进行。对于采用集中空调的室内环境，空调应正常运转。有特殊要求的可根据现场情况及要求而定。

具体采样方法应按各污染物检验方法中规定的方法和操作步骤进行。该标准也对采样方法与采样的质量保证提出了具体的要求。

在各参数检验方法方面，《室内环境空气质量监测技术规范》(HJ/T 167—2004)也与《室内空气质量标准》(GB/T 18883—2002)的要求一致。HJ/T 167—2004 还针对各参数的测量进行了具体的描述。

另外，HJ/T 167—2004 对于监测过程的规范性也进行了相关描述，主要为监测数据处理与报告、监测结果评价与报告、质量保证与质量控制、监测安全这几个方面。

对于监测数据处理与报告，HJ/T 167—2004 从监测数据的记录与归档、原始记录有效数字保留位数、校准曲线回归处理与有效数字、监测结果的统计处理、监测数据的数字修约及计算规则多个方面进行了规定。

对于监测结果评价与报告，HJ/T 167—2004 的要求如下：

(1)监测结果以平均值表示，当化学性、生物性和放射性指标平均值符合标准值要求时，为达标；当有一项检验结果未达到标准要求时，为不达标。应对单个项目是否达标进行评价。

(2)要求年平均、日平均、8h 平均值的参数，可以先做筛选采样检验。若检验结果符合标准值要求，则为达标；若筛选采样检验结果不符合标准值要求，则必须按 8h 平均值、日平均值、年平均值的要求，用累积法采样检验结果评价。

(3)监测报告包括的内容有被监测方或委托方、监测地点、监测项目、监测时间、监测仪器、监测依据、评价依据、监测结果、监测结论及检验人员、报告编写人员、审核人员、审批人员签名等。监测报告应加盖监测机构监(检)测专用章，在报告封面左上角加盖计量认证章，并要加盖骑缝章。

在质量保证与质量控制方面，HJ/T 167—2004 要求室内空气质量监测是贯穿监测全过程的质量保证体系，包括人员培训、采样点位的选择、监测分析方法的选定、实验室质量控制、数据处理和报告审核等一系列质量保证措施和技术要求。

在监测安全方面，HJ/T 167—2004要求室内空气质量监测机构应制定符合本单位实际情况的监测安全制度，内容应包括室内空气采样、现场监测、实验室安全操作、剧毒化学药品的管理等，并严格执行和定期检查，保证监测工作的顺利进行[8]。

可以发现，《室内环境空气质量监测技术规范》(HJ/T 167—2004)适用于室内环境空气质量监测，然而部分测量方法偏向于检测方法，因此不一定适用于室内环境参数的长期监测。

作者：重庆大学　丁勇、刘一凡

参 考 文 献

[1]谢智英. 现代中央空调节能系统中传感器应用的研究[D]. 贵阳：贵州大学，2009.

[2]王宇新，张佳雨. 室内环境监测之我见[J]. 民营科技，2012，(01)：47.

[3]刘栋，吴健敏，杨举华，等. 我国室内环境监测行业发展现状及对策研究[J]. 河南科技，2013，(03)：154-155.

[4]管萍. 室内环境监测问题的几点建议[J]. 中国新技术新产品，2015，(11)：159.

[5]李国刚. 中国环境监测仪器设备的技术现状与市场需求分析[J]. 现代科学仪器，2003，(05)：3-7.

[6]宋佳莹. 多参数室内环境自动监测仪研制[D]. 杭州：中国计量学院，2012.

[7]中华人民共和国国家质量监督检验检疫总局，中华人民共和国卫生部. 室内空气质量标准：GB/T 18883—2002[S]. 北京：中国标准出版社，2002.

[8]中华人民共和国国家环境保护总局. 室内环境空气质量监测技术规范：HJ/T 167—2004[S]. 北京：中国环境科学出版社，2005.

第7章 绿色建筑标准要求的发展

近年来，我国绿色建筑实践工作稳步推进，全社会对绿色建筑的理念、认识和需求逐步提升。党的十九大报告指出，我国社会主要矛盾已转化为人民日益增长的美好生活需要和不平衡不充分的发展之间的矛盾，强调增进民生福祉、关注人民获得感和幸福感，是贯彻十九大的发展精神和满足人们的美好生活需要。绿色建筑作为建筑行业发展中对广大人民群众具有明确所属性的高品质建筑，更应为满足美好生活贡献力量。因此，提升绿色建筑的性能要求，充分体现绿色建筑的获得感、感知性特征，是绿色建筑不断发展的必然需求。在此背景下，中华人民共和国住房和城乡建设部于 2019 年 3 月 13 日正式发布了新版《绿色建筑评价标准》(GB 50378—2019)，并于 2019 年 8 月 1 日正式执行[1]。

重庆作为绿色建筑发展的西部重点城市，在绿色建筑工作中一直牢固树立并切实践行"创新、协调、绿色、开放、共享"五大发展理念，紧紧围绕"质量提升"和"行业发展"两大核心，着力构建涵盖建筑全寿命期、全过程追溯的绿色发展体系，坚持监管与服务并重，充分发挥城乡建设领域绿色发展在生态文明建设中的突出作用，并取得了显著成绩。在国家新版标准发布执行之后，紧随国家绿色建筑发展的步伐，以国家标准为基准，以国家修订的重点与框架为指导方向，充分结合重庆市绿色建筑因地制宜的发展特色，对已有的重庆市绿色建筑评价标准进行了修订，一方面充分适应国家标准的变更与要求，另一方面也在国家标准的基础上融入更多的地方特点，充分结合地理、气候、人文、经济发展水平，在山地建筑、夏热冬冷、通风遮阳、立面绿化、水资源综合利用、绿色建材、坡地建筑、建筑装配式、BIM 等方面进一步深化和细化技术要求和发展方向，实现绿色建筑标准属地化发展。

7.1 标准发展修订要点

1. 绿色建筑定义

新版《绿色建筑评价标准》(GB 50378—2019)重新定义了绿色建筑：在全寿命期内，节约资源、保护环境、减少污染，为人们提供健康、适用、高效的使用空间，最大限度地实现人与自然和谐共生的高质量建筑[2]。

2. 标准体系

新版国家标准(GB 50378—2019)的最大变化是将原来的"四节一环保"体系全面升级为"安全耐久、健康舒适、生活便利、资源节约、环境宜居"五大体系，其中重庆市地方标准(重庆市《绿色建筑评价标准》)在"健康舒适"体系中增加了"室内综合环境"一小节，如图 7-1 所示。全新的框架体系不再单纯从技术要求出发，而是从性能要求出发，使人们对绿色建筑的可感知性和获得感更强。

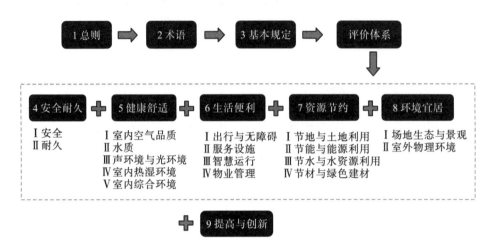

图 7-1　绿色建筑评价标准标准体系

3. 评价方式

新版国家标准(GB 50378—2019)中将评价方式由按权重计分转变为直接累计计分，并且取消了不参评的得分项，使评价过程更加简单方便。具体的评价分值见表 7-1，其中，安全耐久、健康舒适、生活便利、环境宜居及提高与创新加分项的评价分值各为 100 分，资源节约的评价分值为 200 分。

表 7-1　绿色建筑评价分值

	控制项基础分值	评价指标评分项满分值					提高与创新加分项满分值
		安全耐久	健康舒适	生活便利	资源节约	环境宜居	
预评价分值	400	100	100	73	200	100	100
评价分值	400	100	100	100	200	100	100

4.评价时间节点、评价星级

原有评价阶段为设计评价和竣工评价，设计评价在施工图审查通过后，运行评价在竣工验收并使用一年后，而新标准将评价改在建筑工程竣工后进行，将设计评价改为设计阶段的预评价。同时，与国际上主要绿色建筑评价技术标准接轨，评价等级中增加了一个基本级，即基本级、一星级、二星级、三星级四个等级，且星级确定由四部分内容组成：最低得分(每类指标满分值的 30%) + 全装修 + 总得分(60、70、85) + 特殊要求。

5. 全装修

新版国家标准(GB 50378—2019)要求一星级、二星级、三星级绿色建筑应实现全装修,全装修工程质量、选用材料及产品质量应符合国家现行有关标准的规定。全装修的定义是在交付前,住宅建筑内部墙面、顶面、地面全部铺贴、粉刷完成,门窗、固定家具、设备管线、开关插座及厨房、卫生间固定设施安装到位;公共建筑公共区域的固定面全部铺贴、粉刷完成,水、暖、电、通风等基本设备全部安装到位。

6. 特殊要求

新版国家标准(GB 50378—2019)规定,星级的确定不仅要满足最低得分要求(每类指标满分值的 30%)、全装修、总得分(60、70、85),还要增加对围护结构热工性能提升、节水器具用水效率等级、住宅建筑隔声性能、室内主要空气污染物浓度降低比例和外窗气密性能的特殊要求,各星级绿色建筑的技术要求见表 7-2[3]。

表 7-2　一星级、二星级、三星级绿色建筑的技术要求

星级	一星级	二星级	三星级
围护结构热工性能提升比例或建筑供暖空调负荷降低比例	围护结构提升 5% 或负荷降低 5%	围护结构提升 10% 或负荷降低 10%	围护结构提升 20% 或负荷降低 15%
	且不低于现行重庆市建筑节能设计标准要求		
节水器具用水效率等级	2 级		
住宅建筑隔声性能	—	室外与卧室之间、分户墙(楼板)两侧卧室之间的空气声隔声性能及卧室楼板的撞击声隔声性能达到低限标准限值和高要求标准限值的平均值	室外与卧室之间、分户墙(楼板)两侧卧室之间的空气声隔声性能及卧室楼板的撞击声隔声性能达到高要求标准限值
室内主要空气污染物浓度降低比例	10%		20%
外窗气密性能	符合国家现行相关节能设计标准的规定,且外窗洞口与外窗本体的结合部位应严密		

注:1.围护结构热工性能的提高基准为国家现行相关建筑节能设计标准的要求。此处围护结构指外墙、屋顶、外窗、幕墙等部位。

2.住宅建筑隔声性能对应的标准为现行国家标准《民用建筑隔声设计规范》(GB 50118—2010)。

3.室内主要空气污染物包括氨、甲醛、苯、TVOC、氡、可吸入颗粒物等,其浓度降低基准为现行国家标准《室内空气质量标准》(GB/T 18883—2002)的有关要求。

7.2　标准体系内容发展

7.2.1　安全耐久

"安全耐久"体系中大部分条文为新增内容,其中,控制项中包括场地安全、建筑结构的承载力和建筑使用功能要求、外部设施与建筑主体结构统一设计施工、建筑内部的非结构构件连接情况、建筑外门窗的抗风压性能和水密性能、建筑防水层和防潮层的设置、

走廊和疏散通道等通行空间、安全防护的警示和引导标识系统 8 项内容；评分项中对建筑的抗震性能、保障人员安全的防护措施、安全防护功能的产品或配件、地面或路面设置防滑措施、人车分流、建筑适变性措施、提升建筑部品部件耐久性的措施、高耐久性建筑结构材料、装饰装修建筑材料 9 项内容提出了要求。"安全耐久"体系的内容如下：

4 安全耐久

4.1 控制项

4.1.1 场地应避开滑坡、崩塌、断层、危岩、地陷、地裂、泥石流等地质危险地段，易发生洪涝地区应有可靠的防洪涝基础设施；场地应无危险化学品、易燃易爆危险源的威胁，应无电磁辐射、氡等放射性污染的危害。

4.1.2 建筑结构应满足承载力和建筑使用功能要求。建筑外墙、屋面、门窗、幕墙、外保温等围护结构及防护栏杆、构架应满足安全、耐久和防护的要求。（新增）

4.1.3 外遮阳、太阳能设施、空调室外设施、外墙花池等外部设施应与建筑主体结构统一设计、施工，并应满足安装、检修、维护及使用要求。（新增）

4.1.4 建筑内部的非结构构件、设备及附属设施等应连接牢固并能适应主体结构变形。（新增）

4.1.5 建筑外门窗必须安装牢固，其抗风压性能、水密性能应符合国家现行有关标准的规定。（新增）

4.1.6 建筑防水层、防潮层设置应满足下列要求：（新增）

1.卫生间、浴室、厨房、阳台等楼地面应设置防水层；

2.卫生间、浴室墙面 1.8 米标高以下应设置防水层；

3.卫生间、浴室、厨房、阳台等墙面、顶棚应设置防潮层；

4.接触土壤的首层地面应合理设置防潮层或防水层；

5.设有低温热水地板辐射供暖的房间，应合理设置防潮层或防水层。

4.1.7 走廊、疏散通道等通行空间应满足紧急疏散、应急救护等要求，且应保持畅通。（新增）

4.1.8 应具有安全防护的警示和引导标识系统。（新增）

4.2 评分项

Ⅰ 安全

4.2.1 采用基于性能的抗震设计并合理提高建筑的抗震性能。（新增）

4.2.2 采取保障人员安全的防护措施。（新增）

4.2.3 采用具有安全防护功能的产品或配件。（新增）

4.2.4 室内外地面或路面设置防滑措施。（新增）

4.2.5 采取人车分流措施，且步行和自行车交通系统有充足照明。（新增）

Ⅱ 耐久

4.2.6 采取提升建筑适变性的措施。

4.2.7 采取提升建筑部品部件耐久性的措施。

4.2.8 提高建筑结构材料的耐久性。

4.2.9 合理采用耐久性好、易维护的装饰装修建筑材料。

重庆市地方标准在修订中结合国家标准对部分内容进行了如下提升和修改：

(1)在控制项中，明确了建筑防水层、防潮层的部位；将标识标志等其他章节内容全纳入控制项 4.1.8 中，使标准体系得以简化。

(2)在评分项中，在室内外地面或路面设置防滑措施方面，将室内外地面或路面防滑等级提高，B_d、B_w 级全部提升至 A_d、A_w 级(A_d、B_d 分别表示干态地面防滑安全程度为高级、中高级；A_w、B_w 分别表示潮湿地面防滑安全程度为高级、中高级)；在提高建筑适变性措施中，更加充分地融合全龄化概念，展现标准以人为本的情怀，在条文说明中进一步明确为室内无障碍设施的加装预留条件等措施。

7.2.2　健康舒适

"健康舒适"体系中大部分条文是由原国家标准室内环境质量发展而来，涵盖室内空气品质、水质、声环境与光环境、室内热湿环境四部分，重庆市地方标准又增加了室内综合环境一小节。其中，控制项中包括对室内空气污染物浓度、防止空气和污染物串通、给水排水系统的设置、建筑声环境质量、建筑照明、室内热环境舒适度、围护结构热工性能、现场独立控制的热环境调节装置、地下车库 CO 浓度监测装置、水质 10 项内容的要求。评分项中在室内空气品质一节中对室内主要空气污染物的浓度提出了更高的要求，要求选用的装饰装修材料满足国家现行绿色产品评价标准中对有害物质限量的要求，提升家装消费品质量，满足了人民日益增长的对健康生活的追求。在水质一节中要求设置直饮水，且生活饮用水水池、水箱等储水设施采取措施满足卫生要求。在声环境与光环境一节中规定了建筑主要功能房间的室内允许噪声级、隔声性能，同时倡导使用天然光。在室内热湿环境一节中，要求良好的室内气流组织以保证良好的室内热湿环境，要求优化建筑空间和平面布局，改善自然通风效果，同时要求设置可调节遮阳设施以适应天气变化同时减少建筑能耗。在室内综合环境一节中，对室内环境质量各项指标(声、光、热、室内空气品质)提出了较高要求和更高要求。"健康舒适"体系的内容如下：

5　健康舒适

5.1　控制项

5.1.1　室内空气中的氨、甲醛、苯、总挥发性有机物、氡等污染物浓度应符合现行国家标准《室内空气质量标准》(GB/T 18883)的有关规定。建筑室内和建筑主出入口处应禁止吸烟，并应在醒目位置设置禁烟标志。

5.1.2　应采取措施避免厨房、餐厅、打印复印室、卫生间、地下车库等区域的空气和污染物串通到其他空间；应防止厨房、卫生间的排气倒灌。

5.1.3　给水排水系统中的设置应符合下列规定：(新增)

1.生活饮用水水质应满足现行国家标准《生活饮用水卫生标准》(GB 5749)的要求；

2.应制定水池、水箱等储水设施定期清洗消毒计划并实施，且生活饮用水储水设施每半年清洗消毒不应少于 1 次；

3.应使用构造内自带水封的便器，且其水封深度不应小于 50mm；

4.非传统水源管道和设备应设置明确、清晰的永久性标识。

5.1.4 建筑布局合理，主要功能房间与噪声源合理分隔。

5.1.5 建筑照明应符合下列规定：

1.照明数量和质量应符合现行国家标准《建筑照明设计标准》(GB 50034)的规定；

2.人员长期停留的场所应采用符合现行国家标准《灯和灯系统的光生物安全性》(GB/T 20145)规定的无危险类照明产品；

3.选用 LED 照明产品的光输出波形的波动深度应满足现行国家标准《LED 室内照明应用技术要求》(GB/T 31831)的规定。

5.1.6 应采取措施保障室内热环境。采用集中供暖空调系统的建筑，房间内的温度、湿度、新风量等设计参数应符合现行国家标准《民用建筑供暖通风与空气调节设计规范》(GB 50736)的有关规定；采用非集中供暖空调系统的建筑，应具有保障室内热环境的措施或预留条件。

5.1.7 围护结构热工性能应符合下列规定：

1.在室内设计温度、湿度条件下，建筑非透光围护结构内表面不得结露；

2.供暖建筑的屋面、外墙内部不应产生冷凝；

3.屋顶和外墙隔热性能应满足现行国家标准《民用建筑热工设计规范》(GB 50176)的要求。

5.1.8 主要功能房间应具有现场独立控制的热环境调节装置。对于具有集中式系统的房间应具备终端风量、流量调节装置；对于分散式或半集中式系统的房间，应具备末端独立控制装置。

5.1.9 地下车库应设置与排风设备联动的一氧化碳浓度监测装置。

5.1.10 游泳池水、非传统水源等的水质满足国家现行有关标准的要求。

5.2 评分项

Ⅰ 室内空气品质

5.2.1 控制室内主要空气污染物的浓度。

5.2.2 选用的装饰装修材料满足国家现行绿色产品评价标准中对有害物质限量的要求。(新增)

Ⅱ 水质

5.2.3 设置直饮水系统，且直饮水、集中生活用水、采暖空调系统用水、景观水体等的水质满足国家现行有关标准的要求。(新增)

5.2.4 生活饮用水水池、水箱等储水设施采取措施满足卫生要求。(新增)

Ⅲ 声环境与光环境

5.2.5 针对各主要房间的使用功能，采取有效措施优化其室内声环境。

5.2.6 主要功能房间的隔声性能良好。

5.2.7 充分利用天然光。

Ⅳ 室内热湿环境

5.2.8 具有良好的室内热湿环境。(新增)

5.2.9 优化建筑空间和平面布局，改善自然通风效果。

5.2.10 设置可调节遮阳设施，改善室内热舒适。

V　室内综合环境

5.2.11 综合考虑室内环境整体质量，包括声、光、热、室内空气品质。(地方新增)

重庆市地方标准在修订中结合国家标准对部分内容进行了如下提升和修改：

(1)控制项中，①为保证良好的室内空气品质，使室内空气污染物控制在合理的浓度范围内，重庆市地方标准在国家标准明确规定禁止吸烟的场所之外，增加了"人能够到达的可开启窗和建筑新风入口周围8米内"禁止吸烟的要求；②噪声性能、隔声性能要求提升：除在主要功能房间的室内噪声级、隔声性能满足国家标准《民用建筑隔声设计规范》(GB 50118—2010)的相关要求外，进一步增加对建筑服务设备、设施的结构噪声的相关要求，以及对有混响时间和吸声要求的主要功能房间相关的声学性能要求；③考虑到集中式空调和分散式空调的末端调控具有差异，重庆市地方标准在热环境调节装置中进一步对不同空调系统房间的热环境调节装置做了不同要求；④将评分项中水质要求的部分内容纳入控制项，明确了水质安全的重要性。

(2)评分项中，在水质方面，将5.2.5条标识标志内容纳入"安全耐久"体系的控制项中；在自然采光方面，增加了卫生间采用明卫的要求；在自然通风方面，增加了对首层地下车库的通风开口面积的要求；在室内综合环境方面，为了保证室内环境整体质量，单独设置室内综合环境一节，进一步突出绿色建筑整体感受，具体要求见表7-3～表7-8。

表 7-3　室内噪声级等级判定　　　　　　　　　　　　单位：dB

房间或场所类型	较高要求		更高要求	
	昼间	夜间	昼间	夜间
有睡眠要求的主要功能房间	≤40	≤33	≤35	≤30
需要集中精力、提高学习和工作效率的功能房间	≤40		≤35	
需保证人通过自然声进行语言交流的场所	≤42		≤40	
需保证通过扩声系统传输语言信息的大空间人员密集场所	≤50		≤45	
需保证通过扩声系统传输音乐信息的重要演绎空间	≤35		≤30	

表 7-4　隔声性能等级判定　　　　　　　　　　　　单位：dB

房间或场所类型	较高要求	更高要求
噪声敏感房间与产生噪声房间之间的空气声隔声性能	$D_{nT,w}+C_{tr}≥50$	$D_{nT,w}+C_{tr}≥55$
噪声敏感房间与普通房间之间的空气声隔声性能	$D_{nT,w}+C_{tr}≥45$	$D_{nT,w}+C_{tr}≥50$
室外与噪声敏感房间之间的空气声隔声性能	$D_{2m,nT,w}+C_{tr}≥40$	$D_{2m,nT,w}+C_{tr}≥45$
噪声敏感房间顶部楼板的撞击声隔声性能	$L'_{nT,w}≤70$	$L'_{nT,w}≤65$

注：$D_{nT,w}+C_{tr}$ 表示计权标准化声压级差＋交通噪声频谱修正量；$D_{2m,nT,w}$ 表示计权标准化声压级差；$L'_{nT,w}$ 表示计权标准化撞击声压级(现场测量)。

表 7-5 光环境等级判定

等级	等级判定规则
较高要求	①照度、照度均匀度、统一眩光值、眩光值、一般显色指数、色温、频闪满足《建筑照明设计标准》(GB 50034)的要求。 ②一般类建筑常用房间或场所在照明功率密度满足《建筑照明设计标准》(GB 50034)的基础上，一般显色指数 R_a 不提升，照度标准值按 GB 50034 中的 4.1.1 条分级提高一级。 ③重要类建筑常用房间或场所在照明功率密度满足《建筑照明设计标准》(GB 50034)的基础上，一般显色指数 R_a 提升 10，照度标准值不提升。 ④特殊类建筑常用房间或场所在照明功率密度满足《建筑照明设计标准》(GB 50034)的基础上，一般显色指数 R_a 提升 10；无电视转播的体育建筑和有电视转播的体育建筑照度标准值不提升，眩光值降低 3；教育建筑照度标准值不提升，统一眩光值降低 2，一般照明照度均匀度提升 0.10。 ⑤一般类建筑、重要类建筑中除有特殊照度需求的房间或场所，从绿色节能的角度考虑照度宜限制在 750 lx 以下，有特殊照度需求的房间或场所和特殊类建筑在二星级基础上根据需求进行合理设定
更高要求	①一般类建筑常用房间或场所在照明功率密度满足《建筑照明设计标准》(GB 50034)的基础上，一般显色指数 R_a 提升 10，照度标准值不提升。 ②重要类建筑常用房间或场所在照明功率密度满足《建筑照明设计标准》(GB 50034)的基础上，一般显色指数 R_a 不提升，照度标准值按 GB 50034 中的 4.1.1 条分级提高一级。 ③特殊类建筑常用房间或场所在照明功率密度满足《建筑照明设计标准》(GB 50034)的基础上，一般显色指数 R_a 不提升，特殊显色指数 R_a 大于 50；无电视转播的体育建筑照度标准值按 GB 50034 中的 4.1.1 条分级提高一级，眩光值降低 4；有电视转播的体育建筑照度标准值按 GB 50034 中的 4.1.1 条分级提高一级，眩光值降低 8；教育建筑照度标准值按 GB 50034 中的 4.1.1 条分级提高一级，统一眩光值降低 6，一般照明照度均匀度提升 0.20。 ④一般类建筑、重要类建筑中除有特殊照度需求的房间或场所，从绿色节能的角度考虑照度应限制在 750 lx 以下，有特殊照度需求的房间或场所和特殊类建筑在三星级基础上根据需求进行合理设定

注：1.根据视看功能重要性及有无特殊需求，建筑光环境可划分为以下三大类：

①一般类建筑：包括观演建筑、交通建筑、商店建筑、旅馆建筑、科技馆建筑、会展建筑、金融建筑、博物馆建筑(除陈列室外)；

② 重要类建筑：包括图书馆建筑、办公建筑、医疗建筑、美术馆建筑；

③ 特殊类建筑：包括博物馆建筑陈列室、教育建筑、无电视转播的体育建筑和有电视转播的体育建筑。

2.一般类建筑、重要类建筑有特殊照度需求的房间或场所：包括博物馆建筑中的美术制作室、保护修复室、文物复制室、标本制作室，商店建筑中高档商店营业厅、高档超市营业厅、收款台，旅馆建筑中厨房，交通建筑中收款台、海关护照检查室，办公建筑中视频会议室，医疗建筑中化验室、手术室、药房等，美术馆中的藏画修理室等。

表 7-6 人工冷热源热环境等级判定

等级	整体评价指标		局部评价指标		
	预计不满意百分率(PPD)	预计平均热感觉指数(PMV)	冷吹风感引起的局部不满意率(LPD₁)	垂直温差引起的局部不满意率(LPD₂)	地板表面温度引起的局部不满意率(LPD₃)
较高要求	10% < PPD ≤ 15%	−0.7≤PMV < −0.5 或 +0.5 < PMV≤0.7	20%≤ LPD_1 < 30%	10%≤ LPD_2 < 20%	10%≤ LPD_3 < 15%
更高要求	PPD≤10%	−0.5≤PMV≤+0.5	LPD_1 < 20%	LPD_2 < 10%	LPD_3 < 10%

注：PMV 和 PPD 的计算按国家标准《民用建筑室内热湿环境评价标准》(GB/T 50785—2012)的附录的规定执行。

表 7-7 非人工冷热源热环境等级判定

等级	评价指标(aPMV)
较高要求	−0.7≤aPMV < −0.5 或 +0.5 < aPMV≤0.7
更高要求	−0.5≤aPMV≤+0.5

注：aPMV 为 PMV 非空调环境下的修正模型，其计算按国家标准《民用建筑室内热湿环境评价标准》(GB/T 50785—2012)的规定执行。

表 7-8　室内空气品质等级划分及限值要求

指标	单位	指标类型	浓度限值	
			较高要求	更高要求
甲醛	mg/m³	1h 均值	0.07	0.03
O_3	mg/m³	1h 均值	0.10	0.05
PM10	μg/m³	24h 均值	100	50
PM2.5	μg/m³	24h 均值	35	25
TVOC	mg/m³	1h 均值	0.45	
苯	mg/m³	1h 均值	0.07	
CO_2	%	24h 均值	0.09	0.08
氨	mg/m	1h 均值	0.15	

7.2.3　生活便利

"生活便利"体系中大部分条文是由原标准节地与室外环境、运营管理两部分内容发展而来，涵盖出行与无障碍、服务设施、智慧运行、物业管理四小节。其中，控制项中包括对无障碍步行系统、公共交通设施、电动汽车充电设施、非机动车停车位数量和位置、建筑设备管理系统、建筑信息网络系统、标识系统 7 项内容的要求。评分项中在出行与无障碍一节中对公共交通站点的步行距离提出了具体要求，同时要求室内外公共区域满足全龄化设计要求，为老年人、行动不便者提供活动场地及相应的服务设施和方便、安全的无障碍的出行环境。在服务设施一节中要求提供便利的公共服务，城市绿地、广场及公共运动场地等开敞空间步行可达，合理设置健身场地和空间，同时要求设置自动体外除颤器、简易呼吸器、氧气瓶、自动洗胃机等急救医疗设施。在智慧运行一节中，要求建筑设置自动远传计量系统，从而达到优化系统运行、降低能耗的目的；要求设置 PM10、PM2.5、CO_2 浓度的空气质量监测系统，旨在引导保持理想的室内空气质量指标；要求设置用水远传计量系统、水质在线监测系统和智能化服务系统，从而有效提升服务的便捷性。在物业管理一节中，不仅要求制定完善的节能、节水、节材、绿化的操作规程、应急预案，还对建筑平均日用水量、建筑运营效果、绿色教育宣传和实践机制提出了更高的要求。"生活便利"体系的内容如下：

6 生活便利

6.1 控制项

6.1.1 建筑、停车场(库)、室外场地、公共绿地、城市道路相互之间应设置连贯的无障碍步行系统。

6.1.2 场地人行出入口 500m 内应设有公共交通站点或配备有定时定点与公共交通站点联系的专用接驳车。

6.1.3 停车场应具有电动汽车充电设施或具备充电设施的安装条件，并应合理设置电动汽车和无障碍汽车停车位。(新增)

6.1.4 非机动车停车位数量、位置合理，方便出入。

6.1.5 建筑设备管理系统应具有自动监控管理功能。

6.1.6 建筑应设置信息网络系统。

6.1.7 建筑内外均应设置便于识别和使用、与环境相协调的标识系统。

6.2 评分项

Ⅰ 出行与无障碍

6.2.1 场地与公共交通站点联系便捷。

6.2.2 建筑室内外公共区域满足全龄化设计要求。

Ⅱ 服务设施

6.2.3 提供便利的公共服务。

6.2.4 城市绿地、广场及公共运动场地等开敞空间，步行可达。（新增）

6.2.5 合理设置健身场地和空间，设置必要的运动设施。（新增）

6.2.6 设置自动体外除颤器、简易呼吸器、氧气瓶、自动洗胃机等急救医疗设施，并对相关物业、安保等服务人员进行专业培训。（地方新增）

Ⅲ 智慧运行

6.2.7 设置分类、分级用能自动远传计量系统，且设置能源管理系统实现对建筑能耗的监测、数据分析和管理。

6.2.8 设置 PM10、PM2.5、CO_2 浓度的空气质量监测系统，且具有存储至少一年的监测数据和实时显示等功能。

6.2.9 设置用水远传计量系统、水质在线监测系统。（新增）

6.2.10 具有智能化服务系统。（新增）

Ⅳ 物业管理

6.2.11 制定完善的节能、节水、节材、绿化的操作规程、应急预案，实施能源资源管理激励机制，且有效实施。

6.2.12 建筑平均日用水量满足现行国家标准《民用建筑节水设计标准》（GB 50555）中节水用水定额的要求。

6.2.13 定期对建筑运营效果进行评估，并根据结果进行运行优化。

6.2.14 建立绿色教育宣传和实践机制，编制绿色设施使用手册，形成良好的绿色氛围，并定期开展使用者满意度调查。

重庆市地方标准在修订中结合国家标准对部分内容进行了如下提升和修改：

（1）控制项中，增加对建筑内外标识系统的设置，为建筑使用者带来便捷的使用体验；考虑到重庆属于山地城市较少使用自行车的特殊情况，将"自行车停车场所应位置合理、方便出入"改为"非机动车停车位数量、位置合理，方便出入"。

（2）评分项中，在公共服务方面，提高电动汽车充电车位数量的要求，要求电动汽车充电车位建成数量占总车位数的比例在国家和本地有关文件规定的最低要求的基础上至少提升 5 个百分点；在健身运动方面，考虑不同年龄段运动健身的需求，除要求设置建设场地和空间外，还要求配备一定的、必要的、简单的运动健身设施；在建筑配套医疗服务方面，增加一条对建筑配套医疗服务的评分项要求，注重急救医疗设施和相关服务人员的专业技能培训。

7.2.4　资源节约

"资源节约"体系由原国家标准的"四节"体系发展而来,涵盖节地与土地利用、节能与能源利用、节水与水资源利用、节材与绿色建材四小节。控制项中包括对优化体形和空间平面布局、降低部分负荷和能耗、合理设置分区温度及照明功率密度值、能耗分项计量、垂直电梯节能控制措施、水资源利用方案、建筑结构形体合理规则、建筑造型要素、建筑材料及建筑产业化技术措施 11 项内容的要求。评分项中在节地与土地利用一节中对住宅建筑人均住宅用地指标、公共建筑不同功能建筑的容积率进行了要求,以达到节约集约利用土地的目的;同时要求合理开发利用地下空间,采用机械式停车设施、地下停车库或地面停车楼等方式,提高土地使用效率。在节能与能源利用一节中要求围护结构热工性能提升或建筑供暖空调负荷降低,供暖空调系统的冷、热源机组能效优于国家标准能效限定值,降低供暖空调系统的末端系统及输配系统的能耗,要求采用节能型电气设备及节能控制措施,采取措施降低建筑能耗,合理利用可再生能源,采用被动式技术措施共 7 条评分项来共同实现节能。在节水与水资源利用一节中,要求使用较高用水效率等级的卫生器具,绿化灌溉及空调冷却水系统采用节水设备或技术,结合雨水综合利用设施营造室外景观水体,同时要求使用非传统水源。在节材与绿色建材一节中,包括对土建工程与装修工程一体化、建筑结构材料与构件、工业化内装部品、可再循环材料、可再利用材料、利废建材、绿色建材和建筑结构的要求。"资源节约"体系的内容如下:

7　资源节约

7.1　控制项

7.1.1　应结合场地自然条件和建筑功能需求,对建筑的体形、平面布局、空间尺度、围护结构等进行节能设计,且应符合国家和重庆市有关节能设计的要求。

7.1.2　应采取措施降低部分负荷及部分空间使用下的供暖、空调系统能耗,并应符合下列规定:

1.应区分房间的朝向,细分供暖、空调区域,并应对系统进行分区控制;

2.空调冷源的综合部分负荷性能系数(Integrated Part Load Value,IPLV)、电冷源综合制冷性能系数(System Coeficient of refrigeration performance,SCOP)应符合现行国家标准《公共建筑节能设计标准》(GB 50189)的规定。

7.1.3　应根据建筑空间功能设置分区温度,合理降低室内过渡区空间的温度设定标准。(新增)

7.1.4　各类建筑的照明功率密度值不应高于现行国家标准《建筑照明设计标准》(GB 50034)规定的现行值;公共区域的照明系统应采用分区、定时、感应等节能控制;采光区域的照明控制应独立于其他区域的照明控制。

7.1.5　冷热源、输配系统和照明等各部分能耗应进行独立分项计量。

7.1.6　垂直电梯应采取群控、变频调速、轿内误指令取消功能或能量反馈等节能措施;自动扶梯应采用变频感应启动等节能控制措施。

7.1.7　应制定水资源利用方案,统筹利用各种水资源,并应符合下列规定:

1.应按使用用途、付费或管理单元，分别设置用水计量装置；

2.用水点处水压大于 0.2MPa 的配水支管应设置减压设施，并应满足给水配件最低工作压力的要求；

3.用水器具和设备应满足节水产品的要求；

4.公共浴室采用带恒温控制与温度显示功能的冷热水混合淋浴器，设置用者付费的设施。

7.1.8 不应采用建筑形体和布置严重不规则的建筑结构。

7.1.9 建筑造型要素应简约，应无大量装饰性构件，并应符合下列规定：

1.住宅建筑的装饰性构件造价占建筑总造价的比例不应大于 2%；

2.公共建筑的装饰性构件造价占建筑总造价的比例不应大于 1%。

7.1.10 选用的建筑材料应符合下列规定：

1.500km 以内生产的建筑材料质量占建筑材料总质量的比例应大于 60%；

2.现浇混凝土应采用预拌混凝土，建筑砂浆应采用预拌砂浆。

7.1.11 积极推进建筑产业化技术措施应用，并满足下列规定：

1.内隔墙非砌筑比例≥ 50%；

2.采用预制装配式叠合楼板。

7.2 评分项

Ⅰ 节地与土地利用

7.2.1 节约集约利用土地。

7.2.2 合理开发利用地下空间。

7.2.3 采用机械式停车设施、地下停车库或地面停车楼等方式。

Ⅱ 节能与能源利用

7.2.4 优化建筑围护结构的热工性能。

7.2.5 供暖空调系统的冷、热源机组能效均优于现行国家标准《公共建筑节能设计标准》（GB 50189)的规定及现行有关国家标准能效限定值的要求。

7.2.6 采取有效措施降低供暖空调系统的末端系统及输配系统的能耗，且供暖空调系统应采用变流量输配系统，过渡季节通风量需满足余热去除需求。

7.2.7 采用节能型电气设备及节能控制措施。

7.2.8 采取措施降低建筑能耗。

7.2.9 结合当地气候和自然资源条件合理利用可再生能源。

7.2.10 合理采用被动式技术措施。（地方新增）

Ⅲ 节水与水资源利用

7.2.11 使用较高用水效率等级的卫生器具。

7.2.12 绿化灌溉及空调冷却水系统采用节水设备或技术。

7.2.13 结合雨水综合利用设施营造室外景观水体，室外景观水体利用雨水的补水量大于水体蒸发量的 60%，且采用保障水体水质的生态水处理技术。

7.2.14 使用非传统水源。

Ⅳ 节材与绿色建材

7.2.15　建筑所有区域实施土建工程与装修工程一体化设计及施工。

7.2.16　合理选用建筑结构材料与构件。

7.2.17　建筑装修选用工业化内装部品，评价总分值为 8 分。建筑装修选用工业化内装部品占同类部品用量比例达到 50% 以上的部品种类。

7.2.18　选用可再循环材料、可再利用材料及利废建材。

7.2.19　选用绿色建材。（新增）

7.2.20　采用建筑形体和布置规则的建筑结构。（地方新增）

重庆市地方标准在修订中结合国家标准对部分内容进行了如下提升和修改：

(1) 控制项中，垂直电梯的节能措施中增加一项"轿内误指令取消功能或能量反馈"的要求。同时为带动地方建筑产业化发展，将内隔墙非砌筑、预制装配式叠合楼板的应用作为控制项要求。

(2) 评分项中，在节地与土地利用一节中，在"采用机械式停车设施、地下停车库或地面停车楼等方式"的基础上，增加了对地下车库停车效率指标(包括面积指标、层高指标)的要求，且要求机械式停车设施数量比例大于 50%。在节能与能源利用一节中，要求空调系统要能根据室内外环境变化进行运行调节；倡导"被动优先、主动优化"的方式节能，单独增加一条被动式技术措施的评分项。在节水与水资源利用方面，提高对卫生器具用水效率等级的要求。在节材与绿色建材方面，为加快绿色建材的推广应用，提升绿色建材使用比例的门槛值：绿色建材应用比例不低于 60%，增加对建筑形体和布置规则的建筑结构的要求，同时为带动地方建筑产业化发展，将内隔墙非砌筑、预制装配式叠合楼板的应用作为控制项要求。

7.2.5　环境宜居

"环境宜居"体系是由原国家标准节地与土地利用大部分内容发展而来，包括场地生态与景观、室外物理环境两小节。其中，控制项中包括对建筑日照标准、室外热环境、绿地及绿化方式、雨水利用专项设计、场地污染源、生活垃圾、幼儿园和中小学校禁烟 7 条要求。评分项中，场地生态与景观一节中包括场地生态环境保护、雨水径流、绿化用地、室外吸烟区位置布局、绿色雨水基础设施、土石方平衡 6 条要求。在室外物理环境一节中对场地内的环境噪声、建筑及照明设计、场地内风环境、热岛强度 4 项要求做了进一步深化和细化。"环境宜居"体系的内容如下：

8　资源节约

8.1　控制项

8.1.1　建筑规划布局应满足日照标准，且不得降低周边建筑的日照标准。

8.1.2　室外热环境应满足国家现行有关标准的要求。（新增）

8.1.3　配建的绿地应符合所在地城乡规划的要求，应合理选择绿化方式，植物种植应适应当地气候和土壤，且应无毒害、易维护，种植区域覆土深度和排水能力应满足植物生长需求，并应采用复层绿化方式。

8.1.4　场地的竖向设计应有利于雨水的收集或排放，应有效组织雨水的下渗、滞蓄或再利用；对大于 $10hm^2$ 的场地应进行雨水控制利用专项设计。

8.1.5 场地内不应有排放超标的污染源。

8.1.6 生活垃圾应分类收集、运输，垃圾容器和收集点的设置应合理、规范并应与周围景观协调。

8.1.7 幼儿园、中小学校全面禁止吸烟。（地方新增）

8.2 评分项

Ⅰ 场地生态与景观

8.2.1 充分保护或修复场地生态环境，合理布局建筑及景观。

8.2.2 规划场地地表和屋面雨水径流，对场地雨水实施外排水质水量控制。

8.2.3 充分利用场地空间设置绿化用地。

8.2.4 室外吸烟区位置布局合理。（新增）

8.2.5 利用场地空间设置绿色雨水基础设施。

8.2.6 总体布局尊重并利用现状自然资源条件，保护生态环境，避免大填大挖。

Ⅱ 室外物理环境

8.2.7 场地内的环境噪声优于现行国家标准《声环境质量标准》(GB 3096)的要求。

8.2.8 建筑及照明设计避免产生光污染。

8.2.9 场地内风环境有利于室外行走、活动舒适和建筑的自然通风。

8.2.10 采取措施降低热岛强度。

重庆市地方标准在修订中结合国家标准对部分内容进行了如下提升和修改：

（1）控制项中，①增加了对绿地方面的要求，植物种植面积应当不低于其绿地总面积的 80%，乡土植物占总植物数量的比例应不少于 70%；②将国家标准中原有的标识系统内容纳入"安全耐久"体系的控制项，简化了标准体系；③为保障公众健康和有效引导青少年禁止吸烟，增加了一条"幼儿园、中小学校全面禁止吸烟"的控制项。

（2）评分项中，在场地生态与景观方面，①提升了绿地率指标，从达到规划指标 105% 提升至 115%；②对场地年径流总量控制率有更高要求，增设了场地年径流污染去除率的指标，对雨水外排水量和水质实现了双控制。在室外物理环境方面，在条文中进一步细化了降低热岛强度的措施。

7.2.6 提高与创新

"提高与创新"体系一部分由原国家标准的提高与创新内容发展而来，一部分是因在汲取建筑科技发展过程中产生的新技术、新理念而新增的部分条文。其中，一般规定中规定了本体系的评分方式。加分项中要求采取措施进一步降低建筑能耗，建筑风格体现地域风貌且因地制宜传承地域建筑文化，合理选用废弃场地进行建设，场地绿容率不低于3.0，采用符合工业化建造要求的结构体系与建筑构件，采用建筑信息模型技术，采取措施降低单位建筑面积碳排放强度，按照绿色施工的要求进行施工和管理，采用建设工程质量潜在缺陷保险产品，采用节约资源、保护生态环境、保障安全健康、智慧友好运行、传承历史文化等其他创新内容。"提高与创新"体系的内容如下：

9 提高与创新

9.1 一般规定

9.1.1 绿色建筑评价时，应按本章规定对提高与创新项进行评价。

9.1.2 提高与创新项得分为加分项得分之和，当得分大于 100 分时，应取为 100 分。

9.2 加分项

9.2.1 采取措施进一步降低建筑能耗。（新增）

9.2.2 建筑风格体现地域风貌，因地制宜传承地域建筑文化。

9.2.3 合理选用废弃场地进行建设。

9.2.4 场地绿容率不低于 3.0。

9.2.5 装配式建筑应符合《重庆市装配式建筑装配率计算细则(试行)》的要求。

9.2.6 鼓励建筑在规划设计、施工建造和运行维护阶段中应用建筑信息模型(BIM)技术。

9.2.7 应采取措施降低单位建筑面积碳排放强度。

9.2.8 施工和管理过程应按照绿色施工的要求进行。

9.2.9 采用建设工程质量潜在缺陷保险产品。

9.2.10 合理采用高效能源供应系统。

9.2.11 生活给排水采用智慧管理系统。

9.2.12 使用高星级绿色建材。

9.2.13 采用高性能建筑垃圾再生自保温砌体材料。

9.2.14 应用新一代信息技术，或采取节约资源、保护生态环境、保障安全健康、智慧友好运行、传承历史文化等其他创新。

重庆市地方标准在修订中结合国家标准对部分特色技术做了进一步的细化和深化：

(1)为推动建筑工业化发展，突出了装配式建筑装配率要求；

(2)为实现能源转型和建设生态文明，充分发挥了可再生能源区域集中供暖供冷系统的优势；

(3)为提高给排水系统运维的可靠性及给水水质的安全保障，要求生活给排水采用智慧管理系统；

(4)为贯彻和落实绿色建材发展要求，加快绿色建材推广应用，进一步加大了对绿色建材应用比例的要求；

(5)为提升建筑智慧化程度，注重新一代信息通信技术，设置了建筑智慧运维系统；

(6)为积极响应重庆市自保温技术推广应用要求，在利废建材利用基础上提出鼓励采用建筑垃圾再生制备高性能自保温砌体材料的应用。

7.3　标准性能要求提升

在依托国家标准进行修订的同时，重庆市结合绿色建筑实践十多年的经验，同时融入地方绿色建筑特色与优势，在室内环境质量要求上有了进一步提升，服务设施更加体现关怀性，环境更加宜居，更加因地制宜。

1. 室内环境质量要求提升

为了保证舒适健康的室内环境，在标准修订中不仅重点突出了隔声性能优化、自然光利用、自然通风、室内气流组织合理等单项内容，而且将游泳池水、非传统水源等的水质纳入控制项，重点强调水质安全的重要性，更是在"健康舒适"体系中单独设置室内综合环境一节，提出了综合室内环境声、光、热、空气品质整体质量要求，进一步突出了绿色建筑的整体感受。

2. 服务设施更加体现关怀性

在国家标准注重以人为本的基础上，将关系到人民获得感、幸福感切实相关的内容进行了深化与细化，不仅对公共服务、出行无障碍做了要求，而且要求除要求设置的建设场地和空间外，必须配备有一定的、必要的、简单的运行健身设施，满足不同年龄段运动健身的需求。另外，要求建筑配套医疗服务，保证在"黄金4分钟"时间内，达到挽救生命、减轻伤害的目的。

3. 环境更加宜居

在绿化方面，充分注重住区环境质量，人均集中绿地面积要求高于国家标准；在禁烟方面，为保障公众健康和有效引导青少年远离吸烟，将幼儿园、中小学校全面禁止吸烟纳入控制项，并在评分项进一步提高对室外全面禁止吸烟的要求；在场地规划和雨水径流控制方面，相比于国家标准，不仅对场地年径流总量控制率有更高要求，而且增设了场地年径流污染去除率的指标，对雨水外排水量和水质实现了双控。

4. 更加因地制宜

因地制宜是绿色建筑的重要内容，在响应国家绿色建筑发展方向和重点的同时，不但要考虑重庆市气候、地理、经济、资源等条件，还要充分结合重庆近十年绿色建筑发展过程中总结的经验与优势，因地制宜地进行标准的修订。重庆市修订的内容如下：

第一，重庆市在围护结构热工性能方面，颁布了重庆市现行的居住建筑节能设计标准，其中对于围护结构热工性能的相关要求高于国家现行的行业标准要求及按比例提升后的部分要求，所以为了发挥重庆市节能标准建设的优势，要求重庆市绿色建筑除满足国家现行的相关标准及提升要求之外，不能低于重庆市建筑节能设计标准，进一步提升围护结构热工性能对节能率的贡献。

第二，重庆市空气源、江水源热泵发展良好，在可再生能源应用中增加相关技术要求，鼓励可再生能源规模化应用。

第三，倡导"被动优先、主动优化"的节能原则，提倡采用被动式技术措施：合理的体形系数、有组织地进行过渡季与夏季的自然通风、提高门窗气密性及施工节点等的气密性、改善自然采光。

第四，重庆市在自保温技术体系方面给予了充分的重视，重庆市住房和城乡建设委员会通过印发《关于进一步加强墙体自保温技术体系推广应用的通知》来鼓励选用墙体自保温技术，因此，重庆市地方标准在"资源节约"体系中，在利废建材利用的基础上，提出了鼓励采用建筑垃圾再生制备高性能自保温砌体材料的应用。

第五，在提倡建筑信息模型技术应用方面，重庆市颁布了《重庆市建筑信息模型设计标准》（DBJ50/T-280—2018）、《重庆市建设工程信息模型技术深度规定》和《重庆市建筑工程施工图设计文件编制技术规定（2017 年版）——建筑信息模型专篇》。本标准在这些标准、规定的基础上提出了专项应用等更细化深入的技术要求。

第六，在加快绿色建材推广应用进程方面，重庆市早在 2014 年版地方标准修订中就新增了绿色建材使用比例的要求，所以在本次修订中，为了响应国家大力提倡绿色建材的相关政策，同时充分发挥重庆市在绿色建材近些年的先进经验，将绿色建材应用的最低比例由 30% 提高至 60%。

第七，在综合考虑重庆市和相邻省市推动建筑产业化发展要求的基础上，经广泛调研和征求意见，内隔墙非砌筑和预制装配式叠合楼板两项技术均为当前建筑产业化发展的成熟技术，在"资源节约"体系的控制项中增加了内隔墙非砌筑比例不少于 50%，以及预制装配式楼板应用面积不低于单体建筑地上建筑面积 60% 两项要求。

作者：重庆大学　丁勇、夏婷

参 考 文 献

[1]中华人民共和国住房和城乡建设部. 住房和城乡建设部关于发布国家标准《绿色建筑评价标准》的公告.

//http://www.mohurd.gov.cn/wjfb/201905/t20190530_240717.html

[2]中华人民共和国住房和城乡建设部. 中华人民共和国国家标准 绿色建筑评价标准：GB/T 50378—2019[S]. 北京：中国建筑工业出版社，2019.

[3]重庆市绿色建筑与建筑产业化协会绿色建筑专业委员会. 重庆市工程建设标准 绿色建筑评价标准：DBJ50/T-066—2020[S].

第8章 重庆市近零能耗建筑技术路线研究

8.1 研究背景

2017 年 2 月，中华人民共和国住房和城乡建设部发布《建筑节能与绿色建筑发展"十三五"规划》提出，到 2020 年，建设超低能耗、近零能耗建筑示范项目 1000 万 m² 以上。2019 年重庆市住房和城乡建设委员会发布《关于推进绿色建筑高品质高质量发展的意见》(渝建〔2019〕23 号)提出，大力推动被动超低能耗建筑或近零能耗建筑试点示范，培育一批基于整体解决方案的超低能耗或近零能耗示范工程。

为深入推动绿色建筑与节能工作高质量、高水平发展，建立适应重庆地区特征的近零能耗建筑技术体系，更好地引导近零能耗建筑的建设推广，依据重庆市住房和城乡委员会课题"重庆市近零能耗建筑技术体系研究"城科字 2017 第(1-5-2)号的研究成果，结合《近零能耗建筑技术标准》(GB/T 51350—2019)、《被动式超低能耗绿色建筑技术导则(试行)》及国内相关标准体系，本章总结归纳了重庆市近零能耗建筑的定义、实现途径、设计手法及技术路线，为开展近零能耗建筑的建设提供参考。

8.2 近零能耗建筑定义

目前，近零能耗建筑的能源消费量评价主要包括节能率定义法和建筑能耗限定定义法两种方式。结合国家《近零能耗建筑技术标准》(GB/T 51350—2019)的定义，考虑后续建筑节能率提升的发展，重庆地区的近零能耗建筑采用现行的《公共建筑节能(绿色建筑)设计标准》(DBJ50-052—2016)和《居住建筑节能 65%(绿色建筑)设计标准》(DBJ50-071—2016)作为建筑节能计算的基础，居住建筑采用能耗限定定义法，公共建筑采用节能率定义法，并分别对可再生能源的利用提出具体要求，具体定义如下：

近零能耗建筑是适应气候特征和场地条件，在利用被动式建筑设计和技术措施最大幅度降低建筑供暖、空调、照明需求的基础上，通过主动技术措施提高能源设备与系统效率，充分利用可再生能源，以最少的能源消耗提供舒适室内环境的建筑，其建筑能耗水平较《公共建筑节能(绿色建筑)设计标准》(DBJ50-052—2016)、《居住建筑节能 65%(绿色建筑)设计标准》(DBJ50-071—2016)降低 60%。

近零能耗建筑在室内环境质量、能效指标、通风与采光等方面都有具体的要求，具有以下特点：

1) 近零能耗建筑具有健康和舒适的建筑室内环境

根据相关研究,建筑能耗与室内设计计算温度、湿度密切相关。公共建筑在供热工况,室内计算温度每降低 1℃,能耗可减少 5%～10%,设计相对湿度每提高 10%,供热能耗约增加 6%;冷却工况下,室内计算温度每升高 1℃,能耗可减少 8%～10%。在过渡季节,通过自然通风及高性能的围护结构保证室内环境;冬季通过供暖系统保证冬季室内温度不低于 20℃,相对湿度不低于 30%;夏季,在室外温度高于 28℃或相对湿度高于 70% 及其他室外环境不适宜自然通风的情况下,主动供冷系统将会启动,使室内温度不高于 26℃,相对湿度不高于 60%。全年处于动态热舒适水平,大部分时间处于热舒适 I 级。近零能耗建筑主要房间室内热湿环境参数应符合表 8-1 规定。

表 8-1　主要房间室内热湿环境参数

室内热湿环境参数	冬季	夏季
温度/℃	≥20	≤26
相对湿度/%	≥30	≤60

注:冬季室内湿度不参与设备选型和能耗指标的计算。

国内外研究表明,新风对于改善室内空气品质,减少病态建筑综合征的具有不可替代的作用。综合考虑人员污染和建筑污染对人体健康的影响,居住建筑的人均居住面积按照 32m²/人核算,约相当于新风 0.5 次;公共建筑执行现行《民用建筑供暖通风与空气调节设计规范》(GB 50736—2016)关于新风量的要求,即可满足近零能耗建筑对新风的需求。住宅建筑的卧室、起居室、餐厅、书房等主要房间室内新风量不应小于 30m³/(h·人);公共建筑的新风量应满足现行国家标准《民用建筑供暖通风与空气调节设计规范》(GB 50376—2012)的规定。

2) 近零能耗建筑具有较高的能效指标

近零能耗建筑的本质是使建筑达到极高的建筑能效,通过提高建筑围护结构热工性能、关键用能设备能源效率等性能指标提升建筑能效,并最终体现在建筑物的负荷及能源消耗强度上。能耗的计算范围为建筑供暖、空调、照明、通风、电梯、热水等提供公共服务的能源系统,不包括炊事、家电和插座等受个体用户行为影响较大的能源系统消耗。建筑能耗中供暖和空调能耗与围护结构和能源系统效率有关,照明系统的能耗与天然采光利用、能源系统效率和使用强度有关,通过优化居住建筑技术可以降低供暖空调、照明能耗;生活热水、炊事、家用电器等生活用能与建筑的实际使用方式、实际居住人数、家电设备的种类和能效等相关,但均为建筑设计不可控因素,在设计阶段准确预测和考虑存在一定的难度,因此在技术指标中不予考虑。

能效指标是判别建筑是否满足近零能耗建筑的约束性指标,能效指标中的能耗范围包括供暖、通风、空调、照明、生活热水、电梯系统的能耗和可再生能源利用量。能效指标包括建筑能耗综合值、可再生能源利用率和建筑本体性能指标三部分,三者需要同时满足。建筑能耗综合值是表征建筑总体能效的指标,其中包括可再生能源的贡献;建筑本体性能指标是除利用可再生能源发电外，建筑围护结构、能源系统等能效提升要求，其中公共建筑以建筑本体节能率作为约束指标，居住建筑以供暖年耗热量、供冷年耗冷量及气密性作为约束性指标，照明、通风、生活热水和电梯的能耗在建筑能耗综合中体现，不作分项能耗限值要求。建筑本体节能率是用来约束建筑本体应达到的性能要求，避免过度利用可再生能源补偿低能效建筑以达到近零能耗建筑的可能性。近零能耗建筑的能效指标应符合表 8-2 的规定。

表 8-2　近零能耗建筑能效指标

建筑类型	性能指标	性能参数
居住建筑	建筑能耗综合值	$\leqslant 55 kW \cdot h/(m^2 \cdot a)$ 或 $\leqslant 6.8 kgce/(m^2 \cdot a)$
	供暖年耗热量	$\leqslant 8.0 kW \cdot h/(m^2 \cdot a)$
	供冷年耗冷量	$\leqslant 24.3 kW \cdot h/(m^2 \cdot a)$
	可再生能源利用率	$\geqslant 10\%$
公共建筑	建筑综合节能率	$\geqslant 60\%$
	建筑本体节能率	$\geqslant 20\%$
	可再生能源利用率	$\geqslant 10\%$

注：1.建筑本体性能指标中的照明、生活热水、电梯系统能耗通过建筑能耗综合值进行约束，不作分项限值要求。
2.表中居住建筑中的住宅类建筑面积的计算基准为套内使用面积。
3.kgce 为能源消耗量的单位，指丁克标准煤。
4.a 表示每年。

3）近零能耗建筑具有良好的通风与采光

研究表明，在自然通风条件下，人们感觉热舒适和可接受的环境温度要远比空调采暖室内环境设计标准限定的热舒适温度范围来得宽泛。当室外温湿度适宜时，良好的通风效果还能够减少空调的使用。居住建筑主要功能房间的通风开口面积与房间地板面积的比例达到 10%以上；公共建筑主要功能房间在过渡季节典型工况下平均自通风换气次数不少于 2 次/h 的面积比例达到 90%以上。

天然采光不仅有利于照明节能，而且有利于增加室内外的自然信息交流，改善空间卫生环境，调节空间使用者的心情。为了更加真实地反映天然光利用的效果，采用基于天然光气候数据的建筑采光全年动态分析的方法对其进行评价。建筑采光设计时，可通过软件对建筑的动态采光效果进行计算分析，采光分析应符合现行行业标准《民用建筑绿色性能计算标准》（JGJ/T 449—2018）的相关规定。居住建筑室内主要空间采光照度值不低于 300 lx 且小时数平均不少于 8h/天的面积比例达到 60%以上；公共建筑室内主要空间采光照度值不低于采光要求的小时数平均不少于 4h/天的的面积比例达到 60%以上。

4）近零能耗建筑具有较高的气密性等级要求

根据相关研究，随着气密性等级的提高，建筑物能耗逐渐降低。在风压和热压的作用下，气密性是保证建筑外窗保温性能稳定的重要控制性指标，窗的气密性直接关系到外窗的冷风渗透热损失，气密性等级越高，热损失越小。当然，在提高建筑气密性的同时，室内通风问题逐渐凸显，为维持室内健康环境所需的通风换气量，需要采用机械通风，因此必将增加风机能耗。另外，建筑围护结构是阻隔室外污染物进入室内的屏障，建筑气密性的优劣直接影响阻隔室外污染物进入室内能力的高低。PM2.5是指空气动力学直径不大于 2.5μm 的颗粒物，建筑围护结构缝隙、裂缝等因素的存在，使颗粒物极易通过这些气密性薄弱部位进入室内，从而危害人体健康。综合考虑建筑外门窗产品的性能水平，分析外窗、外门对建筑气密性的影响及能效指标的贡献，建筑整体、外窗及外门分隔供暖空间与非供暖空间户门的气密性等级要求如下：

(1)气密性应符合在室内外正负压差 50Pa 的条件下，每小时换气次数不超过 1.0 次的规定：

$$N50 \leqslant 1.0$$

式中，N50——室内外压差为 50Pa 条件下，建筑或房间的换气次数，h-1。

(2)外窗气密性能不宜低于《建筑幕墙、门窗通过技术条件》(GB/T 31433—2015)中的 8 级。

(3)外门、分隔供暖空间与非供暖空间户门气密性能不宜低于《建筑幕墙、门窗通用技术条件》(GB/T 31433—2015)中的 6 级。

8.3　近零能耗建筑实现途径

近零能耗建筑应结合经济社会发展水平、资源禀赋、气候条件和建筑特点，兼顾冬季保温和夏季隔热及除湿等多项目标，具体结合重庆本地的气候特征，以及资源条件和现行公共建筑、居住建筑节能标准的基本要求，进行方案设计和技术应用。

(1)被动式建筑设计。结合项目所在地条件，充分考虑光照、朝向、地理地势等各种因素，最大限度采用自然通风、自然采光等措施，降低用能需求。被动式建筑设计的主要技术措施有被动式设计(建筑自身的空间形式分隔优化，调节建筑体形系数、朝向，采用内外遮阳、自然通风、自然采光等)、高性能围护结构(窗、门、屋顶的热指标优化、热桥、气密性等)、节能灯具与照明控制、地源(水源)热泵空调系统、通风热回收及太阳能热水、光伏系统等。

(2)高性能围护结构。一是通过设计、分析、计算和验证等手段，设定合理、可行的围护结构指标；二是充分结合重庆地区的气候特点，考虑过高气密性对冬季保温和夏季隔热及除湿等多个因素的影响(如高性能的墙体保温，有利于冬季采暖能耗降低，但一定程度上会造成夏季供冷能耗的提升等)，主要针对门窗、外墙等有选择性地强化各个部位节能性能设计，重点可以加强门窗及屋顶的热指标参数优化。

(3)可再生能源应用。考虑重庆的资源现状，首推热泵技术为主的可再生能源建筑应用(江水源热泵、土壤源热泵等)；同时区别于其他地区丰富的光照资源，重庆光照资源有限，尤其是冬季光照偏弱，光伏效率不高，因此相对弱化对光伏技术的依赖，考虑以热泵技术、太阳能技术等可再生能源的综合方案的设计和应用，严格测算，科学设计，优化建筑用能系统。

（4）能耗监控。一是强化节能产品的应用，从提高产品用能效率的角度进一步发掘；二是优化能耗系统的控制方式，以照明系统为例，除了高效光源的应用，还应从照明控制方式上进行多重优化，考虑人体感应、自然调节等多重控制方式的综合使用，最大限度地降低单位能耗。

8.4　近零能耗建筑设计手法

8.4.1　建筑性能化设计

建筑性能化设计方法不同于传统设计方法，是以定量分析为基础，其核心是以性能目标为导向的定量化设计分析与优化，确定的性能参数是基于计算结果，而不是从规范中直接选取。在通过关键指标参数的敏感性分析后，获得对于不同设计策略的参数阈，对关键参数取值进行寻优，确定满足技术经济目标的优选方案。

关键参数对建筑负荷和能耗的敏感性分析是指在某项参数指标取值变化时，分析其变化对建筑负荷和能耗的定量影响。被动式关键参数包括体系系数、窗墙比、材料保温性能与厚度、遮阳性能、外窗导热性能、可见光透射比、气密性等；主动式设计的设备关键参数包括热回收装置效率、冷热源设备效率、可再生能源设备性能参数等。对于不同建筑形式和功能，不同参数对建筑负荷和能耗的影响大小也不同。通过对关键参数的定量敏感性分析，可以有效协助建筑设计关键参数的选取。

提倡性能化设计方法，即以建筑能效为性能目标，利用能耗模拟计算软件，对设计方案进行逐步优化，最终达到预定性能目标要求的设计过程。因此，《近零能耗建筑技术标准》（GB/T 51350—2019）规定的性能指标为最根本的约束性指标，规定的围护结构、能源设备和系统等指标均为推荐性指标，可以通过性能化设计进行优化和突破。作为推荐性的更高标准，不同于现行节能建筑设计标准，近零能耗建筑设计达标判定不以具体建筑体形系数、窗墙比、主要围护结构性能指标值、冷热源设备系统性能系数、新风系统热回收效率值等性能指标的参考取值范围是否达到标准条文要求为依据。

建筑性能化设计贯穿于建筑设计的全过程，其设计流程如下：

（1）前期策划阶段应根据项目定位进行市场分析、资源条件分析及场地分析，针对项目自身特点，制定适宜的技术路线及确定合理的能耗指标。

（2）方案设计阶段应遵循"被动技术优先、主动技术优化"的原则，设计方案应利用能耗模拟计算软件等工具，结合光、风、热、地形、植物等自然条件及建筑功能合理选用适宜的节能技术措施，降低建筑能耗需求。

（3）初步设计和施工图设计阶段应采用性能分析计算软件等工具进行定量分析及优化，选择高效能建筑产品及设备系统，确定节能措施的细部构造，确保设计达到能耗指标要求。

（4）各阶段应编制性能化设计报告。

建筑性能化流程如图8-1所示。

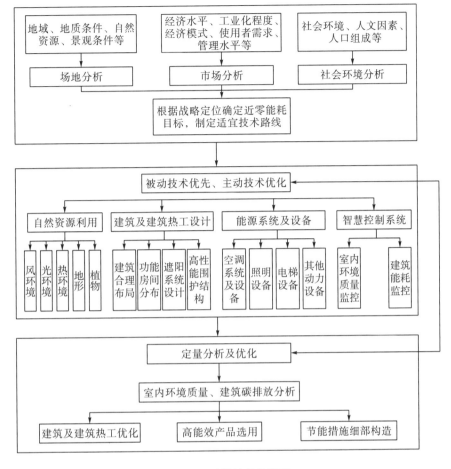

图 8-1 建筑性能化流程

8.4.2 建筑 BIM 协同设计

为提升技术措施的应用质量，近零能耗建筑强调全专业协同，利用 BIM 信息平台，实现各专业共享项目设计技术信息。BIM 技术是未来建筑设计方法的发展方向，其具有可视化、多专业协同、模型可进行性能仿真、后期可对运维管理做出指导的诸多优点。重庆市住房和城乡建设委员会出台了《关于进一步加快应用建筑信息模型(BIM)技术的通知》(渝建发〔2018〕19 号)，要求主城各区范围内政府投资、主导的建筑工程项目(单体建筑面积小于或等于 1000m² 的建筑工程项目除外)，全市范围内总建筑面积大于 50 万 m² 的居住小区项目(以规划方案一次性批准的面积指标为准)，建筑面积大于 3 万 m² 的单体公共建筑项目(或包含以上规模的公共建筑面积的综合体)，装配式建筑工程项目，拟申请金级、铂金级绿色建筑和绿色生态住宅小区的项目，都必须采用 BIM 技术。因此，在近零能耗建筑的设计、施工及运维中应采用 BIM 技术。

8.5 近零能耗建筑技术路线

重庆市属于四川盆地的西南部，气候属于典型的夏热冬冷气候，冬暖春早、夏热秋凉、四季分明、空气湿润、降水丰沛、太阳辐射弱、日照时间短。重庆市地形复杂，地貌造型各样，以山地、丘陵为主，山地面积占全市土地总面积的 75.8%，丘陵面积占 18.2%，平地面积占3.6%，平坝面积占2.4%。平地与缓坡地(坡度<15°)面积占59.26%，中坡地(15°～25°)面积占 20.99%，典型的地形地貌分布如图 8-2 所示。

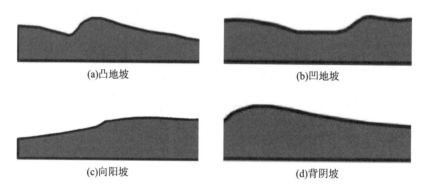

(a)凸地坡   (b)凹地坡

(c)向阳坡   (d)背阴坡

图 8-2 典型的山地坡地分布

通过对《中国建筑热环境分析专用气象数据集》中重庆地区气象数据的分析，重庆地区全年以西北偏北风为主，全年平均风速为 1.5m/s，风速小于 1m/s 占全年的 34.88%，风速 2～4m/s 占全年的 64.15%，风速大于 5m/s 占全年的 99.04%，常年处于轻风和微风区。重庆地区年辐射总量为 3400～4180MJ/m^2，年日照时数为 1000～1400h，出现 300W/m^2 的小时数为 485h，太阳辐射强度相对较弱。

建筑被动式节能设计的策略包括被动式太阳能、围护结构保温隔热、自然通风、建筑蓄热、夜间通风、直接蒸发式降温、间接蒸发式降温等多种方式，不同气候区的气候条件所适宜的被动式技术有所不同，这需要根据各地的温湿度情况来确定，图 8-3 所示是重庆地区全年的温湿度分布焓湿图(温湿-生物气候图)，蓝色越深区域，表示全年中在该区域的温湿度越频繁。图中黄色框区域为满足人体舒适度的区域，不满足的区域可由各种被动式技术来转化为满足的区域，若被动式技术也不能满足温湿度要求，则需进行供暖或制冷。图中粉红色区域为在自然通风情况下的热舒适区，由此可见，重庆地区采用自然通风的技术可以大大扩展全年满足热舒适的时间。

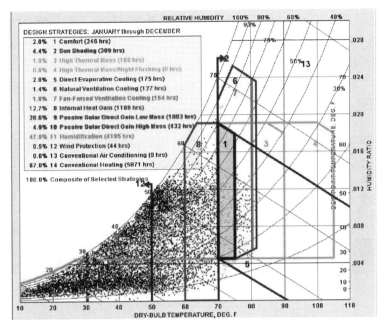

图 8-3　重庆地区全年的温湿度分布焓湿图(温湿-生物气候图)

扫一扫，看彩图

8.5.1　被动式技术应用

1.　建筑顺势场地设计处理

　　重庆地区的地形地貌特点复杂，近零能耗建筑场址选择应考虑夏季隔热、通风并兼顾冬季向阳、避风，合理利用山谷风、水陆风等自然能源，不宜布置在山谷、洼地等凹地处，避免冬季冷气流易对建筑形成"霜冻效应"。应尽量利用场地的高差，减小土方量的开挖，使土方量挖填平衡，根据场地的坡度选择不同的接地形式，运用建筑顺势场地、架空脱离场地、下沉契合场地、台地突出建筑等缘地设计策略，突出山地地形特征，减少土方量，节省造价。常见建筑处理方式如图 8-4 所示。

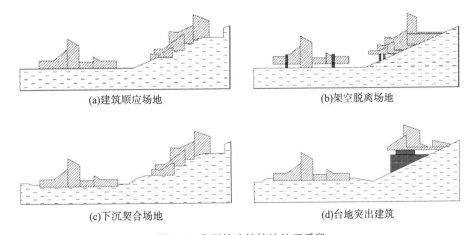

(a)建筑顺应场地　　　　　　　　　　　　(b)架空脱离场地

(c)下沉契合场地　　　　　　　　　　　　(d)台地突出建筑

图 8-4　典型的建筑接地处理手段

根据相关的研究，采用覆土、半覆土建筑的形式，可显著降低建筑体形系数，在不采用其他节能措施的情况下比普通建筑节能约 16%，部分建筑甚至达到 70% 左右，节能效果明显。现代覆土建筑的代表作主要有荷兰代尔夫特理工大学图书馆、日本神户六甲山集合住宅、鄂尔多斯朵日纳美术馆、广西龙脊梯田小学、上海交通大学教职工餐厅和重庆建筑节能示范中心等，如图 8-5 所示。

(a)荷兰代尔夫特理工大学图书馆

(b)日本神户六甲山集合住宅

(c)鄂尔多斯朵日纳美术馆

(d)广西龙脊梯田小学

图 8-5　现代覆土建筑

另外，土石方工程量是影响施工阶段能耗的重要指标之一，同时对生态环境质量也有显著影响，因地制宜地利用架空、吊层等建筑设计方式，也是消化地形高差，合理减少土石方量的又一重要途径，既避免了因大开挖或深回填引起的巨大土方量对生态环境的破坏，又减少了土方的运输过程中碳排放和能耗成本，还有效减轻了大气粉尘和环境噪声污染，在经济、环保、节能等方面效果显著。因此，场地竖向设计应结合地形地貌，通过挖填方量平衡计算，合理控制土石方工程量；当基地自然坡度小于 5% 时，宜采用平坡式布置方式；当基地自然坡度大于 8% 时，宜采用台阶式布置方式。

2. 场地布局及微环境营造

建筑的布局规划应考虑地区地理位置、气候环境，利用夏季主导风向及特殊地形环流状态，组织和创造良好的通风与采光环境。公共建筑的主要朝向宜选择或接近南偏东 30°至南偏西 30°；居住建筑的主要朝向宜南北向或接近南北向，使采暖空调空间朝向南偏东 15°至南偏西 15°，不宜超出南偏东 45°至南偏西 30°。建筑的总体布局应与西北风、地形相契合，常见的有并（行）列式、错列式、斜列式、半围合式、围合式、自由式等几种建筑布局。平面布局宜采用错列式、斜列式及自由式等形式，不宜采用不利于自然通风的围合式和并列式布置。

近零能耗建筑设计首先要从规划阶段开始，因地制宜地考虑如何充分利用周边自然资源和能源，冬季多获得热量和减少热损失，夏季少获得热量并加强通风。具体来说，要在冬季控制建筑遮挡以加强日照得热，并通过建筑群空间布局分析，营造适宜的风环境，降低冬季冷风渗透；夏季增强自然通风，通过景观设计，减少热岛效应，降低夏季新风负荷，提高空调设备效率。通常来说，建筑主朝向应为南北朝向，有利于冬季得热及夏季隔热，也有利于自然通风。主入口避开冬季主导风向，可有效降低冷风对建筑的影响。合理地在场地日照区布置水体，在阴影区设置透水铺装以改善局部微气候。

利用模拟仿真软件 CFD 可以预测建筑的风环境分布状况，根据预测建筑立面的表面风压差合理进行可开启窗扇，可以最大限度地利用自然通风，定量分析室内自然通风量，可为设计师提供参考，通风性能分析执行《民用建筑绿色性能计算标准》（JGJ/T 449—2018）。另外，可以通过设置中庭、天井或通风竖井、导风墙、导风板、架空层等措施提升室内自然通风效果。

3. 建筑功能布局及微环境营造

近零能耗建筑的建筑平面功能布局除了对日照、采光、通风、景观进行关注外，还应对竖向交通、空间体积、楼梯间、电梯能耗、窗墙比、室外空调机位等进行重点分析。例如，交通系统迂回不通畅便捷会减低土地利用率和减少建筑内部使用空间。建筑内部空间应根据功能合理控制主次空间体积比例和总建筑体积，其中，尺度和比例要适宜，避免因空间体积过大而造成不必要的能源浪费。人员密集或使用频率高的空间宜在较低楼层，或独立于主楼设置，并在靠近主入口处设置采光通风良好、锻炼舒适度较高的绿色健康楼梯，这样既能有效缓解人员使用电梯时的拥堵情况，又能降低电梯运行能耗和使用频率，还能鼓励人们使用楼梯锻炼身体，最大限度地降低能耗使用，环保健康。当建筑西向外门窗的窗墙比大于 0.5 时能耗损失过大，不宜进行近零能耗建筑设计。建筑室外空调机位布置及构造设计应注意散热气流组织，避免散热效果差的三面实墙情况出现。

建筑平面长宽比及功能空间直接影响房间的采光效果和实际使用，宜将采光要求高的房间靠外墙周边布置且进深不宜过大，采光要求低的可放在建筑内部，严格控制长宽比以减少建筑照明带来的能耗浪费。窗墙比的大小对建筑能耗和建筑采光具有重要的影响，《建筑采光设计标准》（GB 50033—2013）中对建筑采光系数及窗地面积比提出了具体要求，窗地面积比原则上不低于 1/6。建筑进深对建筑照明能耗影响较大，对于大进深的房间，应通过采光中庭或采光竖井的设计，引入自然采光。半地下车库一面临空时，宜优先设置高侧窗或室外栏杆，以最大限度地引入天然采光和自然通风；地下车库等地下空间宜优先采用下沉广场（庭院）、采光天窗、导光管系统等，以有效改善采光，减少照明光源的使用，降低照明能耗（图 8-6）。当采用天窗、导光管系统等采光时，建筑采光设计可参考重庆市《建筑采光屋面技术标准》（DBJ50/T-305—2018）和行业标准《导光管采光系统技术规程》（JGJ/T 374—2015）等执行。

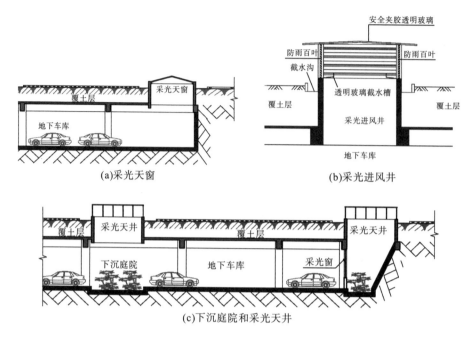

图 8-6　改善车库采光的多种形式

设备机房的位置在一个大中型的建筑物中是个相当重要的问题。它既决定了投资的多少，又能影响能耗的大小。设备机房离负荷和能耗中心过远会造成管线过长和服务半径过远，这样既造成了能源浪费，且使用效果差，又使噪声振动等污染影响面扩大。变压器室应设在负荷中心，其 380/220V 供电线缆长度不宜大于 200m；空调冷热水系统的单程输送距离不宜超过 250m，风系统的输送距离不宜超过 90m；集中热水供应系统的热水循环管网服务半径不宜小于 300m 且不应大于 500m。

4. 建筑屋顶绿化设计

夏季太阳辐射强度大，通过景观种植形成绿化遮阳，能有效地改善室外微气候和实现建筑节能。根据相关的测试，西外墙利用攀缘类植物绿化后，室内温度较室外低 3～9℃，屋顶采用 100mm 的基质材料的佛甲草，相当于附加 40mm 厚的聚苯乙烯泡沫塑料或 200mm 的加气混凝土的节能效果。因此，在绿色建筑的方案设计过程中，应尽可能采用绿化措施构成场地、屋顶、墙面等综合绿化体系。场地绿化设计应减少硬质铺地，宜采用生态铺地，减少热岛效应。屋顶绿化作为减少热岛效应和实现节能的有效措施，当建筑静荷载不小于 300kg/m^2 时，可采用植物造景为主；当建筑静荷载不小于 100kg/m^2 时，可采用低矮灌木或草坪及地被植物绿化，从而达到生态效益突出的效果。同时，尽量在建筑的东西墙面进行墙面绿化，有条件地进行平台绿化，以完善综合绿化体系。

8.5.2　高性能围护结构

1. 围护结构热工参数设计

近零能耗建筑节能设计以能效指标为能耗约束目标，因此根据建筑的具体情况，非透光围护结构的传热系数限值并非是唯一的，可以通过结合其他部位的节能设计要求进行调整。根据《公共建筑节能(绿色建筑)设计标准》(DBJ50-052—2016)、《居住建筑节能 65%(绿色建筑)设计标准》(DBJ 50-071—2016)、《夏热冬冷地区居住建筑节能设计标准》(JGJ 00134—2010)、《公共建筑节能设计标准》(GB 50189—2015)、《近零能耗建筑技术标准》(GB/T 51350—2019)及《被动式超低能耗绿色建筑技术导则(试行)》对外墙、屋面热工参数的要求(各标准围护结构的传热系数见表 8-3 和表 8-4)，结合《绿色建筑评价标准》(GB/T 50378—2019)对三星级项目围护结构热工参数提高 20%的强制性要求，经过相应典型建筑模拟和示范工程调研的情况下给出了推荐值参考范围。这些推荐值不等同于节能设计规定限值，对于不同的建筑节能设计条件，该推荐值范围是可以被突破选用的。

表 8-3　非透明围护结构传热系数

热惰性分类	传热部位	传热系数 $k/\,[\mathrm{W/(m^2 \cdot K)}]$	
		推荐值	约束值
热惰性指标 $D \leqslant 2.5$	外墙	≤0.4	≤0.5
	屋面	≤0.3	≤0.4
热惰性指标 $D > 2.5$	外墙	≤0.5	≤0.6
	屋面	≤0.3	≤0.4

注：表中 k 值为包括主体部位和周边热桥(构造柱、圈梁及楼板伸入外墙部分等) 部位在内的传热系数平均值，其计算方法应符合国家现行标准《民用建筑热工设计规范》(GB 50176—2016)的规定。

表 8-4　透明围护结构传热系数

建筑类型	传热系数 $k/\,[\mathrm{W/(m^2 \cdot K)}]$		太阳得热系数(SHGC)
	推荐值	约束值	
居住建筑	≤1.6 (天窗)	≤1.8	夏季≤0.30 冬季≥0.40
公共建筑	≤1.8	≤2.0	夏季≤0.15 冬季≥0.40

注：太阳得热系数(Solar Heat Gain Coeffcient，SHGC)为包括遮阳(不含内遮阳)的综合太阳得热系数。

2. 建筑多种遮阳形式设计

建筑遮阳设计的条件为以气温 29℃，日照辐射强度 280W/m² 左右为设置遮阳的参考界限。建筑常用的遮阳类型包括玻璃遮阳、中间遮阳、外遮阳、内遮阳四种形式，不同的形式对建筑能耗的贡献及室内的舒适性也不尽相同。一般设置内遮阳的房间的各内墙表面温度比未设置内遮阳的房间低 0.6～1℃。居住建筑活动外遮阳对能耗的贡献率达到 17.29%～22.68%，公共建筑活动外遮阳对能耗的贡献率达到 17.54%～19.54%，节能效果明显。重庆地区南向宜采用水平式遮阳，北向、东北向、西北向宜采用垂直式遮阳，东南向、西南向宜采用综合式遮阳，东向、西向宜采用挡板式遮阳。活动外遮阳可以根据太阳高度角合理地控制遮阳长度、角度，从而满足遮阳、采光的不同需求，保证自然采光和减弱太阳辐射得热的综合效果，节能效果最为显著，常用的外遮阳形式有遮阳卷帘、活动百叶遮阳、遮阳篷、遮阳纱幕、遮阳板等。

常见的可调节遮阳设施包括活动外遮阳设施(含电致变色玻璃)、中置可调遮阳设施(中空玻璃夹层可调内遮阳)、固定外遮阳(含建筑自遮阳)加内部高反射率(全波段太阳辐射反射率大于 0.50)可调节遮阳设施、可调内遮阳设施等。当公共建筑西向窗墙比超过 0.30 时，应设置多种外遮阳措施。

3. 建筑气密性设计

建筑物气密性是影响建筑供暖能耗和空调能耗的重要因素，对实现近零能耗目标来说，其能耗指标极低，由单纯围护结构传热导致的能耗已较小，这种条件下气密性对能耗影响的比例就大幅提升，因此建筑气密性能更为重要。良好的气密性可以减少冬季冷风渗透，降低夏季非受控通风导致的供冷需求增加，避免湿气侵入造成的建筑发霉、结露和损坏，减少室外噪声和室外空气污染等不良因素对室内环境的影响，提高居住者的生活品质。建筑围护结构气密层应连续并包围整个外围护结构，如图 8-7 所示。建筑围护结构气密层应进行气密性专项设计，应连续并包围整个外围护结构，且施工图中应明确标注气密层的位置；宜采用简洁的造型和节点设计，以减少或避免出现气密性难以处理的节点；应选用气密性等级高的外门、外窗，宜采用双层窗或多层中空玻璃，并做好外门窗系统及与门窗洞口之间的连接缝隙气密性处理；应依托密闭性围护结构层，并选择适用的气密性材料构成。

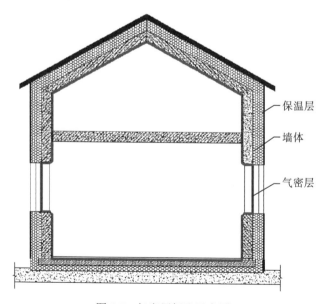

保温层

墙体

气密层

图 8-7　气密层标注示意图

4. 建筑热桥设计

近零能耗建筑中的热桥影响占比远远超过普通节能建筑，因此热桥处理是实现建筑超低能耗目标的关键因素之一。热桥专项设计是指对围护结构中潜在的热桥构造实施加强保温隔热措施，以降低热流通量的设计工作，热桥专项设计应遵循以下规则：

（1）避让规则：尽可能不要破坏或穿透外围护结构；

（2）击穿规则：当管线需要穿过外围护结构时，应保证穿透处保温连续、密实无空洞；

（3）连接规则：在建筑部件连接处，保温层应连续无间隙；

（4）几何规则：避免几何结构的变化，减少散热面积。

建筑围护结构应进行削弱或消除热桥的专项设计，以保证保温层的连续性。建筑外墙、屋面、地下室和地面、外门窗及遮阳部位热桥的设计应满足《近零能耗建筑技术标准》(GB/T 51350—2019)的要求。建筑围护结构无热桥设计的常见构造方法如图 8-8～图 8-10 所示。

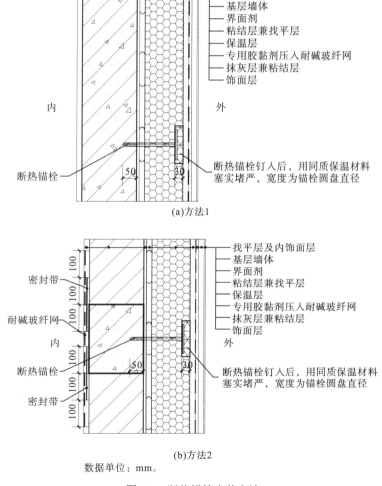

数据单位：mm。

图 8-8　断热锚栓安装方法

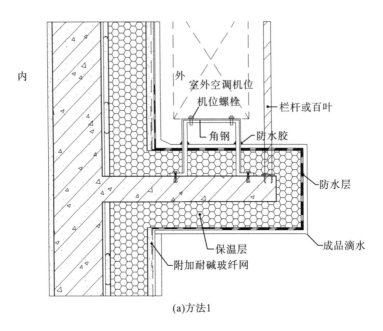

(a)方法1

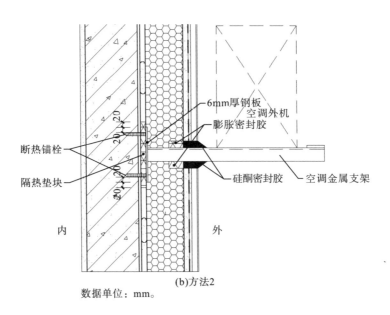

(b)方法2

数据单位：mm。

图 8-9 空调支架安装方法

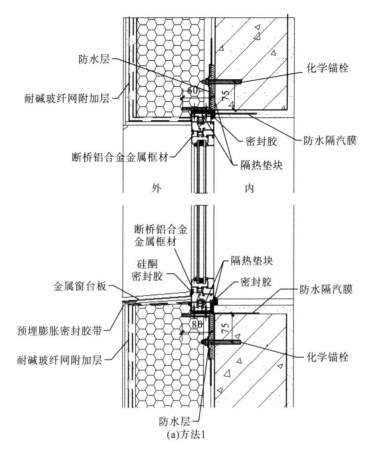

防水层

耐碱玻纤网附加层

化学锚栓

密封胶　防水隔汽膜

断桥铝合金金属框材

隔热垫块

外　内

断桥铝合金金属框材

硅酮密封胶

金属窗台板

隔热垫块

密封胶　防水隔汽膜

预埋膨胀密封胶带

化学锚栓

耐碱玻纤网附加层

防水层

(a)方法1

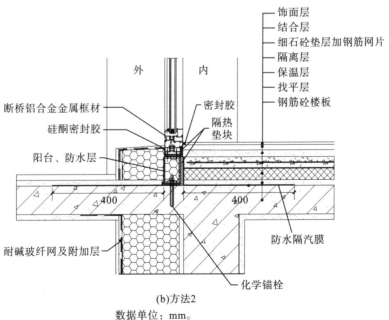

外　内

饰面层
结合层
细石砼垫层加钢筋网片
隔离层
保温层
找平层
钢筋砼楼板

断桥铝合金金属框材

密封胶

硅酮密封胶

隔热垫块

阳台、防水层

耐碱玻纤网及附加层

防水隔汽膜

化学锚栓

(b)方法2

数据单位：mm。

图 8-10　外门、外窗安装方法

8.5.3　高效设备系统

除采用高能效等级的设备产品外，还应注意系统能效的提高，才能实现真正的节能。提高制冷、制热性能系数是降低近零能耗建筑供暖、空调能耗的主要途径之一。由于当前的高效变频或者磁悬浮冷水(热泵)机组，在名义工况下的能量与热量之间的转换比率，简称能效化(Coefficient of Performance，COP)并不是特别高，但是其部分负荷下的 COP 相较于传统冷水(热泵)机组，会大幅度提高，而空调系统大部分时间处于部分负荷下运行，故综合部分负荷性能系数(Integrated Part Load Value，IPLV)推荐达到《冷水机组能效限定值及能效等级》(GB 19577—2015)的一级能效要求。

对于多联机，多联式空调(热泵)机组的制冷综合性能系数［IPLV(C)］数值应比现行《公共建筑节能设计标准》(GB 50189—2015)的要求高，目前主流厂家的高能效产品均超过 6.0，因此建议按照 6.0 要求 IPLV(C)。多联式空调(热泵)机组的全年性能系数(Annual Performance Factor，APF)能更好地考核多联机在制冷及制热季节的综合节能性，建议不应低于最新的《多联式空调(热泵)机组能源效率限定值及能源效率等级》(GB 21454—2008)中一级能效等级的数值。

空气源热泵作为供暖热源有热风型和热水型两种机组。研究表明，当热风型机组在设计工况下的 COP 为 1.8 时，整个供暖期达到的平均 COP 值与采用矿物能燃烧供热的能源利用率基本相当；而热水机组由于增加了热水的输送能耗，所以设计工况下的 COP 达到2.0 时才能与 COP 为 1.8 的热风型机组能耗相当。为提高能源利用效率，空气源热泵性能系数在现行节能设计标准建议值上均有所提高，热水型机组性能系数 COP 建议值为 2.3，热风型机组性能系数 COP 建议值为 2.0。对于冬季寒冷、潮湿的地区，在使用时必须考虑机组的经济性和可靠性。

当采用分散式房间空调器时，宜选用符合国家标准《房间空气调节器能效限定值及能效等级》(GB 21455—2019)中规定的一级能效。

对于居住建筑，当供暖热源为燃气时，分散式系统具有较高能效，且符合居住者的使用习惯，便于控制，因此采用户式燃气热水炉是一种较好的技术方案。当以燃气为能源提供供暖热源时，可以直接向房间送热风，或经由风管系统送入；也可以产生热水，通过散热器、风机盘管进行供暖，或通过低温地板辐射供暖。所应用的燃气机组的热效率应符合现行有关标准《家用燃气快速热水器和燃气采暖热水炉能效限定值及能效等级》(GB 20665—2015)中的第一级。

8.5.4　可再生能源利用

重庆地区拥有丰富的江水、地热等资源，具有先天的资源优势。可再生能源技术包括水源热泵、地源热泵、空气源热泵及太阳能等，尤其是江水资源具有得天独厚的资源禀赋，重庆地域内水资源总量年均超过 5000 亿 m³，绝大多数是以江河为主的地表水，其中长江、嘉陵江等流经重庆地区的入境水形成的地表水约 4600 亿 m³，长江干流自西向东横贯全境，流程长达 665km。重庆地区的可再生能源利用区域集中连片项目，重点是两江新区水土片区可再生能源建筑应用集中连片示范区、江北城中央商务区(Central Business District，CBD)区域江水源热泵集中供冷供热项目、悦来生态城 320 万 m²、仙桃数据谷 120 万 m² 区域集中供冷供热项目，近零能耗应在区域集中能源的统筹规划下，因地制宜地实施可再生能源技术。

因此，可再生能源利用形式具有优先级别：①根据区域能源规划，充分利用当地的江水资源，合理设置区域集中供热供冷系统；②根据建筑用途、场地及地质特点，合理设置地源热泵系统；③合理采用空气源热泵进行生活热水供应或进行建筑供冷供热；④充分利用场地太阳能，合理设置太阳能景观灯；⑤有条件的项目设置弱光光伏发电系统及太阳能热水系统。

地下浅层土壤由于其常年土壤温度恒定，具有冬暖夏凉的特点，合理利用地下土壤为空气降温，是低成本、低能耗的空调技术。地道风作为可再生能源利用技术之一，具有构造简单、能效高和运行维护方便等优点，地道风的设计可参考《地道风建筑降温技术规程》(CECS 340—2013)的要求执行。以重庆市某地道风系统为例，数据显示地道风在夏冬两季能为室内提供状态稳定的新风，夏季制冷 COP 能达 13.59，新风平均温度降低 4℃，日均节电 32.32kW·h；冬季制热 COP 能达 6.17，新风平均温度升高 4.77℃，日均节电 31.95kW·h，节能应用效果良好。

8.5.5　智能控制技术应用

楼宇自控系统可对建筑内的主要用能设备进行自动控制，是建筑节能的手段。近零能耗建筑楼宇自控系统应能够实现传感、执行、控制、管理等功能。传感、执行功能部分中应包含信息采集和现场执行等设备，根据系统要求实时收集现场数据，为系统内及系统间的协调运行提供数据基础；控制功能部分中的自动控制器，应能根据现场传感器获得的运行参数及管理系统提供的控制指令，实现对现场执行设备运行参数的自动计算，并将需求指令发送给现场执行设备；管理部分的管理软件或设备应实现将不同功能的自控系统集成，实现不同子系统间数据的综合共享，从而可以进行数据分析，并提出优化策略。

8.6　近零能耗建筑案例分析

以重庆市悦来生态海绵展示中心项目为例，该项目建筑建设的全过程基于建筑物理、传热学、流体力学等工程学原理，以气象数据、场地特征、建筑功能、工程造价为边界条件，利用计算机模拟软件，采用性能化设计方法，实现了技术应用效果的定量化和可视化。项目设计过程主要运用的建筑性能化分析手段见表 8-5。

表 8-5   建筑性能化分析手段

分析手段	使用软件或技术	技术用途
建筑性能分析	Autodesk Ecotect Analysis	日照分析
	Daysim、Radiance	自然采光
	Phoenics	室内外自然通风
	DeST、Designbuilder	能耗模拟
建筑参数化设计	Rhino	参数化建模
	Grasshopper	参数化设计
	Dynamo for Revit	参数化设计
	Ladybug	参数化气候分析
	Honeybee	参数化物理环境分析

8.6.1   案例概况

重庆市悦来生态海绵展示中心项目位于重庆市两江新区西部片区，主要功能是展览用房，用地面积 17577m², 建筑面积 9997m², 共 3 层。本项目设计遵循"被动技术优先、主动技术优化、可再生能源补充"的原则，围绕"智慧、生态、海绵"的理念，采用七大技术体系——可持续场地生态系统、低成本山地海绵技术系统、绿色高性能围护结构系统、可持续能源系统、舒适高效的物理环境、智慧管理集成服务系统、设计手段创新，实现绿色建筑三星级、近零能耗示范项目的目标。本项目的建筑效果图和实景图分别如图 8-11 和图 8-12 所示。

图 8-11   建筑效果图

图 8-12   建筑实景图

8.6.2   节能措施分析

1. 被动节能

本项目的被动节能措施主要有坡地利用、建筑热工优化、遮阳系统设计、自然通风和自然采光利用。在分析场地坡度和走向的基础上，建筑依据地势而建，采用嵌入、吊层、台地和架空四种常用的山地建筑设计手法，建筑场地出入口与市政道路相平，按照"负建筑"的设计思路，实现了与场地的完美结合，不仅能保护环境、节省经济、节约能源，还能保证室内环境安全、舒适。

1) 建筑热工优化

在空调冷热负荷中，通过围护结构形成的空调冷热负荷是其重要组成部分。本项目采用清华大学开发的 DeST 软件，分别分析体形系数、窗墙比、围护结构热工性能对空调冷热负荷及空调能耗的影响程度，建立起建筑围护结构要达到的技术指标要求。建筑热工优化模拟设定工况见表 8-6。

表 8-6　建筑热工优化模拟设定工况

工况	详细设置		结果
工况①	体形系数 0.2～0.4		体形系数每降低 0.1，建筑全年累计负荷约降低 13.37%，空调能耗节能率约达到 12.5%
工况②	体形系数 0.4	窗墙比 0.25～0.75	窗墙比每降低 0.1，建筑全年累计负荷约降低 3.52%，空调能耗节能率约达到 3.19%
工况③	体形系数 0.4	外墙传热系数 0.2～0.8W/(m² · K)	外墙传热系数每降低 0.1，建筑全年累计负荷降低 0.62%，空调能耗节能率约达到 1.05%
工况④	体形系数 0.4	外窗传热系数 1.8～2.6 W/(m² · K)	外窗传热系数每降低 0.1，建筑全年累计负荷降低 0.29%，空调能耗节能率约达到 0.54%
工况⑤	体形系数 0.4	外窗太阳得热系数 0.2～0.4	外窗太阳得热系数每降低 0.1，建筑全年累计负荷约降低 4.82%，空调能耗节能率约达到 3.55%

基于上述分析结果，同时结合场地坡地分析，本项目建筑设计朝向为南偏西 51°，体形系数为 0.22。综合使用建筑自保温、外保温、绿化保温种植屋面及低传热三银玻璃、玻化微珠高性能绝热芯材复合无机板等节能保温材料，使建筑围护结构的热工性能比国家或行业有关建筑节能设计标准的规定高 10%，与重庆市强制节能标准相比，节能率达到了 55.7%。

2) 遮阳系统设计

采用 Rhino 软件，结合 Grasshopper 参数化设计平台，对本项目外遮阳尺寸进行建模与分析。其中，Grasshopper 中使用 Ladybug 气候分析插件，对太阳位置进行精准计算，并使用 Ecotect 软件对遮阳效果进行辅助显示，量化遮阳效果，从而指导遮阳系统设计，并对遮阳出挑及下垂长度进行精确控制。各种遮阳形式下，不同时刻室内光斑面积对比如图 8-13 所示。

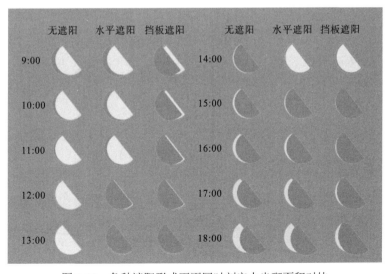

图 8-13　各种遮阳形式下不同时刻室内光斑面积对比

对结果进行对比分析发现，南向宜采用活动外遮阳、可调节中置遮阳或综合外遮阳的方式，东向和西向外窗宜采用活动外遮阳或可调中置遮阳方式。优先选用包括电致变色玻璃、中置可调遮阳设施(中空玻璃夹层可调内遮阳)、金属百叶、卷帘等可调节遮阳设施；其次选用固定遮阳措施。采光天窗应采用活动遮阳方式，优先选用热致调光玻璃或电致调光玻璃。当西向窗墙比超过0.30时，应设置活动外遮阳系统。

3) 自然通风利用

利用通用流场计算软件 Phoenics 挖掘项目室内外自然通风潜力。对项目方案多次优化后，最终使室外风场模拟结果达到：建筑周围人行区距地 1.5m 高处，风速均小于 5m/s；过渡季节平均风速、夏季平均风速和夏季、冬季 10% 大风三种工况下风速放大系数不大于 2，且建筑迎风侧与背风侧的压差大于 0.5Pa；各种工况下均不存在局部无风区和涡旋区，不至影响室外散热和污染物消散；建筑的布局及架空布置使项目地块内的人行区可以获得较好的通风效果。

室内自然通风采用风压叠加热压来控制。多次模拟分析表明，在通过建筑二层西南侧楼板底板上开孔及二层的外门开启作为自然通风进风口，中庭内侧上沿采用开启百叶作为自然通风出口，形成自然通风流路时，自然通风效果较好，二层风速分布大致为 0.1～0.8m/s，三层平均风速为 0.1～2.0m/s，人行区通风效果较为均匀。室内人行区自然通风最终方案模拟结果如图 8-14 和图 8-15 所示。

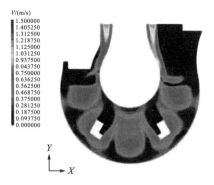
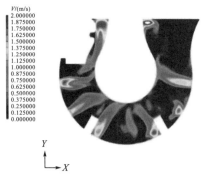

图 8-14   二层平面人行区风速云图   扫一扫，看彩图   图 8-15   三层平面人行区风速云图   扫一扫，看彩图

4) 自然采光利用

为降低照明能耗,本项目在结合 Rhino 和 Radiance 软件分析室内自然采光效果的基础上，还在功能房间区域采用了分区照明设计，分区照明如图 8-16 所示。同时，地下车库使用 5 个 DS530 导光筒，布置在车行流线附近，布置间距 6m 左右，进一步模拟分析发现，在外窗和导光管的自然采光效果下，地下车库采光系数平均值不小于 0.5% 的面积达到了 100%，车库导光管采光效果如图 8-17 所示。

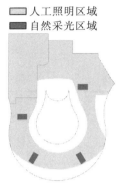
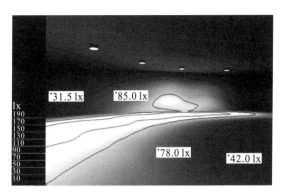

图 8-16　人工照明和自然采光区域　　　　　　　图 8-17　车库导光管采光效果

2. 主动节能

本项目主动节能的主要措施有复合高能效空调机组和末端控制优化,同时本项目灯具均采用 LED 节能灯,降低了人工照明能耗,所有电梯均采用变频拖动节能高效电梯,并配置了高效供配电设备和节能高效空调机组(二级)与全热交换设备机组,以达到低排放和可持续能源的目的。

1)复合高效空调系统

采用能耗模拟软件 DeST 对本项目进行全年逐时空调负荷模拟分析,夏季空调负荷率多集中在 37.5%～75%,冬季空调负荷率多集中在 50% 以内。同时采用可再生能源,根据冬季负荷选定地源热泵机组,并综合考虑土壤全年热平衡和机组全年运行效率,进行夏季辅助冷源选配及后期运行策略制定。通过多方案对比,最终确定空调冷热源方案为复合地源热泵系统:制冷量 339kW、制热量 387kW 的地源热泵螺杆机组 + 制冷量 1135kW 螺杆式冷水机组,其中,机组选用磁悬浮机组。研究表明,磁悬浮离心式冷水机组与普通离心式冷水机组相比,全年可减少能耗 40% 左右。空调水系统采用一次泵变频变流量系统,采用大温差、小流量技术,并根据末端对冷热水流量的需求进行优化控制。

2)智能控制

本项目采用可调末端来保证室内终端舒适度的控制需求。在送排风方面,综合考虑排风热回收与新风预处理,且全热回收效率不低于 60%;同时考虑空调风系统中的新风量,可根据室内 CO_2 浓度进行变频调节的优化控制措施,风机至少达到二级能效要求。在室内空气质量控制方面,主要采用 PM2.5 控制和 CO_2 浓度联动新风需求控制设计。空气处理机组的空气处理段设置 PM2.5 过滤器,根据室外气象站收集到的室外空气 PM2.5 信息,控制 PM2.5 过滤器的工作状态,保证室内 PM2.5 处于较低水平。在回风口处设置 CO_2 浓度监测装置,控制空气处理机组的新风量,从而保证室内人员健康卫生的新风要求。

3. 可再生能源

除采用地源热泵机组外,本项目还采用光伏发电及并网技术,由转换效率较高(组件转换效率≥19.1%）的双玻弱光太阳能发电系统为照明提供电力，经测算，全年最大发电量可达 107997.72kW·h。太阳能光伏发电布置区域及发电量核算见表 8-7。

表 8-7　太阳能光伏发电布置区域及发电量核算

序号	安装位置	安装面积/m²	装机容量/W	年发电量/(kW·h)
①	屋顶	296.0	38480	34270.29
②	地源热泵地埋管区域	310.8	40404	35983.80
③	地面停车遮阳棚	290.0	37700	33575.62
④	公交站台	36.0	4680	4168.01
最大安装条件下合计		932.8	121264	107997.72

8.6.3　节能措施分项贡献率

基于上述节能技术措施的应用和分析，采用 DeST 软件对各技术措施的节能贡献率进行模拟分析，并利用 Designbuilder 软件对能耗结果进行验证。节能措施设定工况及分项节能率见表 8-8。

表 8-8　节能措施设定工况及分项节能率

工况	节能方式	工况说明	节能率
基准建筑	—	围护结构满足现行公共建筑的节能标准要求。	—
工况①	被动节能	基于参考建筑，考虑外墙保温、屋顶覆土绿化、低传热三银玻璃、热桥处理等热工优化措施	20.64%
工况②		基于工况①，设定建筑体形遮阳、构件遮阳、活动外遮阳等遮阳措施	
工况③		基于工况②，考虑过渡季节自然通风、夏季夜间通风蓄冷等措施	21.42%
工况④		基于工况③，减少室内人工照明，地下车库部分区域自然采光	10.52%
工况⑤	主动节能	基于工况④，考虑空调冷热源采用复合式地源热泵，机组能效至少在节能标准基础要求上提高 12%，同时考虑空调水系统采用一次泵变频变流量系统，且其水泵能效至少达到节能评价值要求	16.95%
工况⑥		基于工况⑤，考虑排风热回收与新风预处理，且全热回收效率不低于 60%；同时考虑空调风系统中的新风量，可根据室内 CO_2 浓度变频调节的优化控制措施	5.65%
工况⑦		基于工况⑥，降低照明功率目标值，减少室内人工照明能耗	4.33%
工况⑧		基于工况⑦，考虑电梯智能控制，降低电梯能耗	0.10%
工况⑨	可再生能源	基于工况⑧，增加太阳能光伏发电，部分可再生能源由地源热泵提供	10.81%
综合节能率		90.42%	

通过对该近零能耗建筑建设过程中多种节能措施进行性能定量分析和优化，从被动节能措施——坡地利用、建筑热工优化、遮阳系统设计、自然通风和自然采光利用，到主动节能技术——复合高能效空调系统、末端控制优化、人工照明减少、电梯智能控制，最后利用可再生能源，最终使建筑综合节能率达到 90.42%。本案例分析成果能够为近零能耗建筑进行多方案、多措施的遴选及应用实践提供参考和借鉴。

8.7　展　　望

近零能耗建筑应结合地区的经济发展水平、资源禀性、气候条件和建筑特点，从建筑布局、建筑热工、能源设备及系统、智慧监测、性能化设计方法、可再生能源等出发，突出覆土建筑、架空、地道风、自然通风、自然采光、遮阳等地方特色被动式技术应用，强调能源系统及设备能效的提升，引导区域可再生能源、地源、空气源系统的推广应用，采用全专业协同的设计组织形式，充分应用 BIM、建筑性能化分析等手段或方法，形成可实施、可推广、可复制的近零能耗技术路线。

作者：中机中联工程有限公司　何开远、石国兵、王永超、沈舒伟

第9章　重庆市居住区海绵城市常用技术体系与建设实践

9.1　研　究　背　景

9.1.1　国家宏观政策导向

近年来，由于我国大力发展新型工业化与城镇化，对自然资源开发力度加大，相应的发展带来的负面影响也日渐显著，其中，水资源危机，如水资源短缺、水质污染、洪水、内涝、地下水减少等一系列问题更是日益严重，所以亟需一个更为综合全面的解决方案。基于此背景下，"海绵城市"理论被提出，且近年来不断发展。

2013 年，习近平总书记在中央城镇化工作会议的讲话中提到，优先考虑更多利用自然力量排水，建设自然积存、自然渗透、自然净化的"海绵城市"。2014 年，中华人民共和国住房和城乡建设部编著了《海绵城市建设技术指南——低影响开发雨水系统构建（试行）》。2015 年 10 月，《国务院办公厅关于推进海绵城市建设的指导意见》中对海绵城市建设提出了总体要求，提出通过海绵城市建设，综合采取"渗、滞、蓄、净、用、排"等措施，最大限度地减少城市开发建设对生态环境的影响，将 70% 的降雨就地消纳和利用的要求。并要求到 2020 年，城市建成区 20% 以上的面积达到目标要求；到 2030 年，城市建成区 80% 以上的面积达到目标要求。2016 年 2 月，《中共中央国务院关于进一步加强城市规划建设管理工作的若干意见》中，提到充分利用自然山体、河湖湿地、耕地、林地、草地等生态空间，建设海绵城市，提升水源涵养能力，缓解雨洪内涝压力，促进水资源循环利用。

为保证我国海绵城市持续不断的推进与发展，确保到 2020 年城市建成区 20% 以上面积达到海绵城市建设目标，我国逐步开展了对海绵城市建设试点的技术指引及工作评估，2019 年 7 月，中华人民共和国住房和城乡建设部办公厅组织北京、上海、天津、重庆地区城市对海绵城市建设进行了自评。

9.1.2　地方政策与规程编制

2016 年 3 月，《重庆市人民政府办公厅关于推进海绵城市建设的实施意见》中，确定了重庆市海绵城市建设"试点先行、逐步推广、全面推进"的实施步骤，首先确定 1 个国家级试点区域即两江新区悦来新城及 3 个市级试点区域（万州区、璧山区、秀山县）；其次要求 2018～2020 年，有条件的区县（自治县）及城市新区、各类园区、成片开发区先行启动海绵城市建设。力争到 2020 年，试点区县（自治县）城市建成区 30% 以上、非试点区县（自治县）城市建成区 20% 以上的面积达到目标要求。2018 年 9 月，重庆市人民政府办公厅印发《重庆市海绵城市建设管理办法（试行）》，其中对重庆市海绵城市建设提出总体要求，确定了指导思想、基本原则、具体实施步骤及建设目标，同时提出更多管理细节来稳步推进建设。

　　2019 年 6 月，重庆市住房和城乡建设委员会关于加快推进海绵城市建设有关工作的通知中，提到要进一步加快海绵城市修建性详规的编制工作进展，要加快推进近建区海绵城市建设；10 月，重庆市住房和城乡建设委员会关于海绵城市建设有关情况的通报中，总结了全市海绵城市建设工作的开展情况，并发布下一步的发展工作要求，确保到 2020 年重庆市城市建成区非试点区县 20% 以上面积达到海绵城市建设要求，试点区县 30% 以上面积达到海绵城市指标要求；2019 年 12 月，重庆市规划和自然资源局关于在工程建设许可阶段加强海绵城市相关设计内容审查的通知中，提出规划自然资源主管部门在核发建设项目选址意见书、建设用地规划条件函及建设用地规划许可证时，应根据海绵城市专项规划及控制性详细规划，将地块年径流总量控制率、污染去除率等海绵城市设计要求纳入规划条件，这标志着重庆市海绵城市建设进入新的发展阶段。

9.2　应用及发展现状

　　目前重庆市海绵城市建设实行试点先行、逐步推广、全面推进的发展战略，近年来各区县的海绵城市建设均取得了较大发展。

　　重庆市两江新区悦来新城成功入围全国第一批海绵城市建设试点城市。为加快推进两江新区悦来新城海绵城市建设试点工作，更好地为全国山地城市实施海绵城市建设提供经验，2015 年，重庆市人民政府办公厅发布《关于加快推进两江新区悦来新城海绵城市建设试点工作的实施意见》（图 9-1），提出了关于海绵城市建设规划编制、政策技术方面的任务分解表，并推动实施。2017 年，重庆市两江新区建设管理局《关于开展海绵城市专项设计相关事项的通知》中，对两江新区海绵城市建设提出了更详细的设计要求，进一步推动了两江新区海绵城市试点的建设。

　　2014 年初，万盛经济技术开发区积极编制完成《重庆万盛经济技术开发区海绵城市专项规划》，确定海绵城市规划建设目标，明确规划道路低影响开发工程 43 个项目，公共建筑低影响开发项目 229 个，居住建筑低影响开发项目 51 个，绿地工程项目低影响开发项目 157 个，在城市尺度上构建"山水林田河"一体化的"生命共同体"，力争打造成为全国区县地区海绵城市建设的典范。

　　璧山区近年来的海绵城市建设也有较大发展。一是编制完成了《璧山区"十三五"海绵城市建设规划》和《海绵城市建设试点三年实施计划》，试点区域 $8.35×10^6m^2$，三年计划实施 72 个项目。二是到 2017 年已完成海绵城市建设申报连片范围面积 $3×10^6m^2$，预投资 2.15 亿元规划建设 47 个海绵城市项目，截止目前，已建成"海绵城市"项目 51 个，

图 9-1　重庆人民政府网站《重庆市人民政府办公厅关于加快推进两江新区悦来新城海绵城市
建设试点工作的实施意见》文件

已完成建设面积 8.4 平方公里，且均通过国家或重庆市级考核验收，建立了较为完善的海绵城市建设工作机制和技术体系，2020 年将新建 14 个"海绵城市"项目，预计年底全部完工。三是对"千年重庆" 4、5 号支路等市政道路 5 条，共 2.44km，以及东岳体育公园、秀湖汽车露营地等新建项目均开展了海绵城市专项设计，确保新建项目全面符合海绵城市各项指标要求。四是有序推进已建道路海绵城市改造，计划完成雪山路(黛山大道—永嘉大道段)、茅山路(御湖路环湖路南路口—永嘉大道段)和凝山路(剑山路—黛山大道段)等市政道路 6 条，共 8.9km 的海绵城市改造。

此外，大足区、永川区、秀山县等区县及城市新区的海绵城市建设也在逐步发展。

9.3　常用技术措施

9.3.1　绿色屋顶

相关标准与图集对绿色屋顶的应用的主要要求：一是新建项目绿色屋顶面积占可绿化

屋面面积比例不宜小于 30%［《低影响开发雨水系统设计标准》（DBJ50/T-292—2018）中的 5.1.5］[1]；二是种植平屋面可选择简单式种植和花园式种植［《重庆市城市道路与开放空间低影响开发雨水设施标准设计图集》（DJBT-103—2017）中的 2.3］[2]。

1. 种植式绿色屋顶

种植式绿色屋顶实景图和大样图分别如图 9-2 和图 9-3 所示。

图 9-2　种植式绿色屋顶实景图

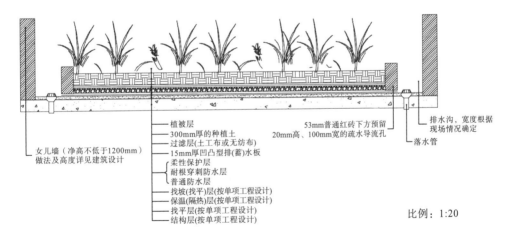

图 9-3　种植式绿色屋顶大样图

2. 模块式绿色屋顶

模块式绿色屋顶大样图如图 9-4 所示。

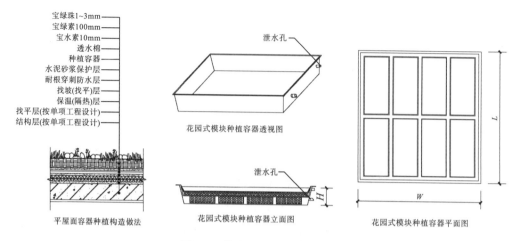

图 9-4　模块式绿色屋顶大样图

模块式绿色屋顶施工工艺流程参考如下(详细做法可由供货单位制定)：

(1)花园式模块种植容器中，W 为宽度，L 为长度，H 为高度。具体数值由甲方招标后的中标厂家制定，但容器高度必须保证种植区域高度为 150mm。

(2)种植容器材质为 PP(Polypropylene，聚丙烯)原生料，使用寿命 10 年以上，具有完善的排水、蓄水、阻根等功能，移动式种植容器需有搭沿边，确保容器与容器搭扣在一起。

(3)种植土干重 294kg/m³，湿重 545kg/m³，种植土宜选择轻量化的改良土或无极种植土。

(4)植物选择耐旱植物，保持一年四季常绿。

(5)绿色屋顶的承重能力不小于 100kg/m³，施工时用成品直接在屋顶组合。

9.3.2　透水铺装

透水铺装应用的标准要求：一是新建项目透水铺装比例不宜小于 40%，改、扩建项目的透水铺装比例不宜小于 20%［《低影响开发雨水系统设计标准》(DBJ50/T-292—2018)中的 5.1.3］；二是小区内小型车通过的路面、停车场、步行及自行车道、休闲广场、室外庭院宜采用透水铺装，其他车行道在满足其功能的条件下可采用透水铺装［《低影响开发雨水系统设计标准》(DBJ50/T-292—2018)中的 5.3.1］[1]。常见的透水铺装实景图如图 9-5 所示。

图 9-5　常见的透水铺装实景图

透水砖多用于人行步道，其大样图如图 9-6 所示。

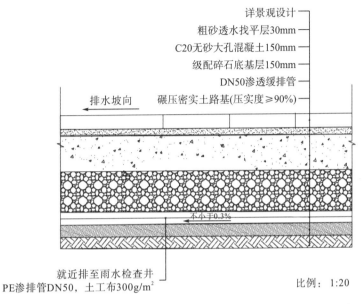

注：C20 是混凝土设计强度值，代表混凝土试块抗压强度是 20MPa；PE 的全称是 Polyethylene，聚乙烯。

图 9-6　人行道路透水铺装大样图

透水沥青可用于人行步道或轻型车道，其大样图及质量要求如图 9-7 所示。

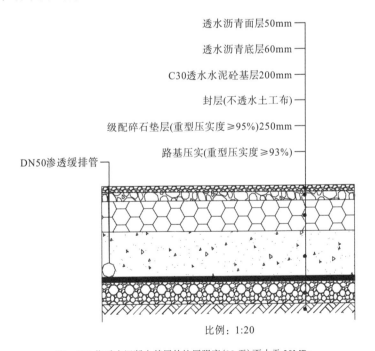

注：C30 指透水混凝土基层的抗压强度（28 天）不小于 30MPa。

图 9-7　轻型车道透水沥青大样图及透水沥青混合料质量要求

9.3.3 生物滞留设施

相关标准中关于生物滞留设施的主要技术要求如下：

(1)耐48h 周期性水淹、净化污水能力强，并有一定抗旱能力的水路两栖植物(湿生植物、耐湿植物)[《海绵城市绿地设计技术标准》(DBJ50/T-293—2018)中的 4.0.2]。

(2)根系发达，但不宜选择具有侵略性根系的植物[《海绵城市绿地设计技术标准》(DBJ50/T-293—2018)中的 4.0.6]。

(3)生物滞留设施内有土工布、穿孔管等结构时，应避免选用深根性植物[《海绵城市绿地设计技术标准》(DBJ50/T-293—2018)中的 4.0.2][3]。

1. 雨水花园

常见的雨水花园实景图如图 9-8 所示，雨水花园大样图如图 9-9 所示。

图 9-8　常见雨水花园实景图

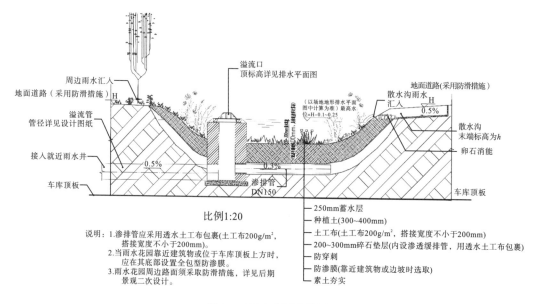

图 9-9　雨水花园大样图

2. 下沉式绿地

下沉式绿地构造大样图如图 9-10 所示。

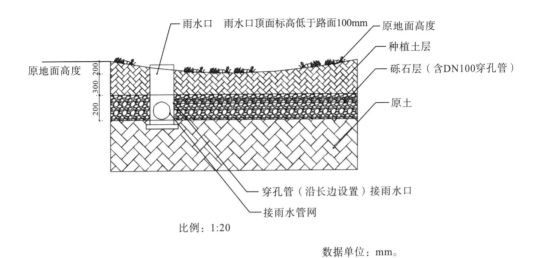

比例：1:20

数据单位：mm。

图 9-10　下沉式绿地构造大样图

下沉式绿地的施工说明如下：

(1)下沉式绿地用于宽度大于 3m 的城市道路后排绿地、建筑小区及城市广场。

(2)下沉式绿地应低于周边铺砌地面或道路，下沉深度宜为 100～200mm，且不大于 200mm；建筑小区内配建有地下停车场的绿地下沉深度不宜大于150mm。

(3)周边雨水宜分散进入下沉式绿地，当集中进入时应在入口处设置缓冲措施。

(4)下沉式绿地植物宜选用耐寒、耐涝的品种。

(5)雨水口采用平篦式雨水口。

(6)下沉式绿地种植土由砂、堆肥和壤质土混合而成,其主要成分中沙子含量为60%～85%，有机成分含量为 5%～10%，黏土含量不超过 5%(渗透系数不小于 $1×10^{-5}$ m/s)。

9.3.4　植草沟

常见的植草沟实景图如图 9-11 所示，传输型植草沟大样图如图 9-12 所示。

植草沟的施工说明如下：

(1)植草沟汇水面积不宜超过 2hm² ［《低影响开发雨水系统设计标准》(DBJ50/T-292—2018)中的 9.3.2］[1]。

(2)转输型植草沟内植被高度宜控制在 100～200mm ［《低影响开发雨水系统设计标准》(DBJ50/T-292—2018)中的 9.3.3］[1]。

图 9-11   常见植草沟实景图

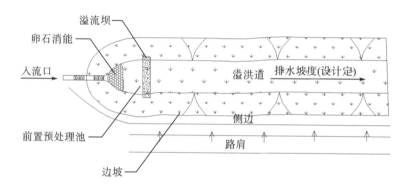

图 9-12   传输型植草沟大样图

　　(3)砾石孔隙率应为 35%～45%，有效粒径大于 80%［《重庆市城市道路与开放空间低影响开发雨水设施标准设计图集》(DJBT-103—2017)中的 3.5］。

　　(4)植草沟边应设置安全警示标志［《重庆市城市道路与开放空间低影响开发雨水设施标准设计图集》(DJBT-103—2017)中的 3.5］[2]。

9.3.5   雨水收集回用系统

　　雨水回用系统主要的技术要求有：

　　(1)当采用市政给水补水时，应补充在清水池内，应有防止污染的措施，并满足《建筑给水排水设计标准》(GB 50015—2019)和《建筑与小区雨水控制及利用工程技术规程》(GB 50400—2016)的要求［《城市雨水利用技术标准》(DBJ50/T-295—2018)中的 4.6.5］。

　　(2)景观水的净化可利用回用水的水处理设施［《城市雨水利用技术标准》(DBJ50/T-295—2018)中的 4.6.7］。

(3)雨水系统设施应有醒目标注，并有防止误接、误用设施，雨水管道上不应设置水龙头［《城市雨水利用技术标准》(DBJ50/T-295—2018)中的4.6.8］[4]。

当采用雨水收集系统时，详细的技术要求可参考《低影响开发雨水系统设计标准》(DBJ50/T-292—2018)的规定执行。

9.4　项目案例设计实践

本项目为重庆市某居住小区，用地面积85624m²，建筑业态主要为高层建筑及附属商业，容积率2.248，建筑密度21.91%，绿地率37.72%。本项目利用公园绿地，创造出优雅的人居环境，并以带状的林荫步道形成贯穿整个空间范围的绿化系统，真正地将"花园绿化"展示在每家每户门前。该居住小区的实景图如图9-13所示。

图 9-13　重庆某居住小区实景图

9.4.1　设计指标

根据《重庆市两江新区建设管理局关于开展海绵城市专项设计相关事项的通知》的文件要求(表9-1)，本项目年径流总量控制率定值不小于70.0%，年污染物削减率不小于50.0%。

表 9-1　海绵城市设计指标表

占地面积/m²	指标	年径流量总控制率	年径流污染物消减率
85624.00	规划值	≥70.00%	≥50.00%
	达标情况	达标	达标

9.4.2　技术措施选用

本项目区域内主要采用透水铺装、绿色屋顶、雨水花园及雨水收集池等低影响开发设施（表 9-2），透水铺装及雨水花园下设置透水缓排管。

表 9-2　低影响开发设施一览表

序号	类型	面积/m²
1	雨水花园	2653.00
2	透水铺装	4739.26
3	绿色屋顶	2179.90
4	雨水收集池	450.00

雨水通过有组织的汇流与传输引入低影响开发设施内，通过渗透、存储、调蓄后消纳自身周边区域径流雨水，并衔接区域内的雨水系统和超标雨水径流排放系统，达到项目年径流总量的控制目标，同时提高了区域内涝防治能力。低影响开发设施雨水系统流程图如图 9-14 所示。

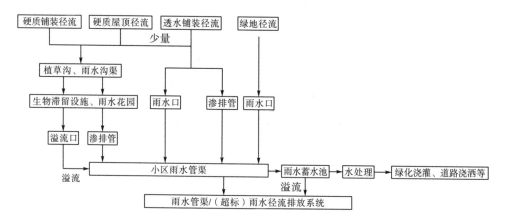

图 9-14　低影响开发设施雨水系统流程图

9.4.3　设计过程

1.　场地下垫面分析

本项目总占地面积 85624m²，其中绿地面积 44068m²，硬质屋顶面积 14415m²，绿色屋顶面积 2180m²，硬质铺装面积 18412m²，透水铺装面积 4739m²，景观水体面积 1810m²。本项目的场地下垫面分析图如图 9-15 所示。

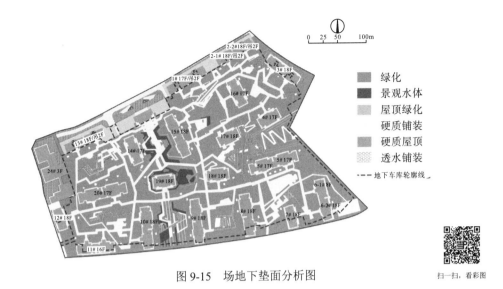

图 9-15　场地下垫面分析图

扫一扫，看彩图

2. 场地竖向分析

本项目南高北低，东高西低，地势起伏较大，场地坡度整体较陡，重庆山地特征显著。场地以放坡绿地的形式处理高差关系，局部雨水花园需考虑阶梯式。其竖向分析图如图 9-16 所示。

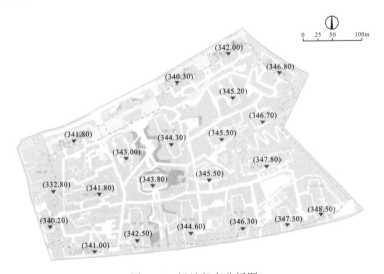

图 9-16　场地竖向分析图

3. 场地管网分析

本项目小区内雨水管网管径为 DN300～DN800，共两个雨水出口，分别位于地块的西北侧及西南侧，西北侧出口管径为 DN600，市政接口标高为 329.20m，西南侧出口管径为 DN800，市政接口标高为 330.00m，可满足本项目的雨水排放要求。本项目的雨水管网布置图如图 9-17 所示。

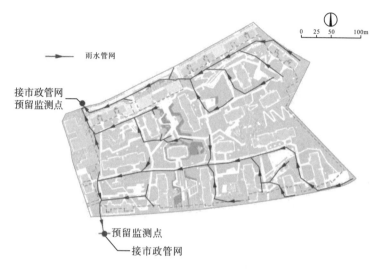

图 9-17　雨水管网布置图

4. 雨水花园布置

通过对场地的综合分析，本项目共设 39 个雨水花园，雨水花园总面积为 2653.00m²，雨水花园布置图如图 9-18 所示。

图 9-18　雨水花园布置图

5. 分区情况

本项目场地根据雨水管网情况共分为两个汇水分区，其中 S1 分区有 21 个子分区，S2 分区有 18 个子分区，如图 9-19 所示。

图 9-19　低影响开发设施服务分区范围图

9.4.4　建成效果

　　本项目雨水花园的分布位置综合了排水、视线等因素，在不影响植物生长、设施功能最大化的同时提供了近距离观察的可能性。雨水花园的植物造景设计因地制宜，乡土生物多样性得以保存，为城市居民营造了舒适的居住环境，并与小区整体景观良好结合，成为点睛之笔。雨水花园的实际效果图如图 9-20 所示。

(a)实际效果1　　　　　　　　　　　　　　(b)实际效果2

(c)实际效果3　　　　　　　　　　　　　　(d)实际效果4

图 9-20　雨水花园实际效果图

9.5　施工及运维技术要点

9.5.1　施工过程注意点

1.　透水铺装

1）透水砖

透水砖施工流程示意图如图9-21所示。透水砖铺装具体施工流程与注意事项可参考以下几点：

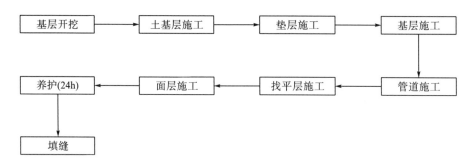

图9-21　透水砖施工流程示意图

（1）施工前首先要进行定位放样，标出警示范围，防止压实现状土壤。对施工材料的性能和尺寸进行检查确认，对场地空间的尺寸进行确认，保证场地空间足够大，以便满足侧挖要求，而后进行场地清理。

（2）基础工程施工。基础工程施工包含七个部分：

①设施开挖尺寸和位置应满足设计要求；

②确保开挖过程未遇到地下水，如果开挖过程中遇到地下水，设施建设必须停止，设计人员必须修改设计方案；

③开挖基底原土壤的厚度为8～10cm，以利于雨水渗透；

④场地平整及回填；

⑤铺设垫层；

⑥垫层压实；

⑦铺设基层。

（3）面层工程施工分为三步，首先铺设找平层（人行道应为30～40mm，停车场及人行道应为40～50mm），其次铺设面层，最后进行填缝。

（4）管道工程。首先铺设地下排水管，其次在地下排水管端口按设计要求安装清理孔和检查孔，在砾石层周围安装土工布并对土工布进行压实处理，最后根据需要进行排水沟施工。

2)透水砖铺装的施工工法参考

a. 土基层施工

土基顶面压实度应达到 90%(重型标准)。为保证土基的渗透性,压实度不宜超过 93%。浸水饱和后,回弹模量不小于 15MPa。在透水人行道与车行道分界的位置 0.5m 范围内,压实度应按照车行道压实度要求进行控制,土基设计回弹模量值不宜小于 20MPa。土质路基压实应采用重型击实标准控制,土质路基压实度不应低于表 9-3 的要求。

表 9-3　土质路基压实度

填挖类型	深度范围/mm	压实度/%
填方	0～800	90
	>800	87
挖方	0～300	90

b. 垫层施工

(1)施工前应确认土基验收合格。

(2)中粗砂、级配碎石、尾矿砂可作为垫层材料。中粗砂或天然级配砂砾料的含泥量应不大于 5%,泥块含量应小于 2%,含水率应小于 3%。级配碎石宜为质地坚硬、耐磨的破碎花岗岩或石灰石。集料中扁平、长条粒径含量不应超过 10%,且不应含有黏土块、植物等物质。级配碎石应符合表 9-4 的规定。

(3)垫层应进行摊铺,适量洒水并压实,压实度应不小于 95%。

(4)天然粒料垫层,最大粒径宜不大于 26.5mm,小于等于 0.075mm 颗粒含量不超过 3%,有效空隙率大于等于 15%。

表 9-4　级配碎石的要求

筛孔尺寸/mm	通过率/%	筛孔尺寸/mm	通过率/%
26.50	100	4.75	8～16
19.00	85～95	2.36	0～7
13.20	65～80	0.075	0～3

c. 基层施工

(1)施工前应确认垫层验收合格。

(2)透水混凝土基层或手摆石灌砂基层宜加厚或设置渗水沟,沟中填级配砾石。

(3)透水混凝土或级配砂砾基层施工时,每间距 30m 宜设置 Φ1500mm 渗水井,井内填级配砾石。

(4)水泥稳定层为基层时,每间距 1.5m 宜按梅花形设置 Φ75mm PVC-U 塑料透水管,管中填无砂混凝土。

d. 渗透管施工

渗透管/渠四周应填充砾石或其他多孔材料,砾石层外包透水土工布,土工布搭接宽度应不少于 200mm。

　　e. 找平层施工

　　(1)施工前应确认透水基层验收合格。

　　(2)透水砖找平层用的砂与胶黏剂的质量比宜为 8∶1,再加入少量水拌和,每罐料搅拌时间应保证 2min 以上,搅拌均匀后应达到手握成团、落地成花的状态。

　　(3)透水粘结找平层的摊辅厚度:人行道应为 30～40mm;停车场及车行应为 40～50mm。

　　f. 排水沟施工

　　透水砖铺装土基层土壤透水系数应不小于 1.0×10^{-3} mm/s,且土基顶面距离地下水位宜大于 1.0m。当以上条件不满足时,可增加排水沟。根据排水沟的设计断面尺寸,沿施工线进行挖沟和筑埂。筑埂填方部分应将地面清理耙毛后均匀铺土,每层土厚约 20cm,用杵夯实后厚约 15cm,沟底或沟埂薄弱环节处加固处理。

　　g. 面层施工

　　切割砖时,应弹线切割;遇到连续切割砖的现象,应保证切边在一条直线,偏差应不大于 2mm。

　　h. 填缝施工

　　透水砖面层铺砌完成并养护 24h 后,用填缝砂填缝(当缝隙小于 2mm 时不进行填缝),分多次进行,直至缝隙饱满,同时将遗留在砖表面的余砂清理干净。

　　i. 路缘石施工

　　(1)路缘石基础宜与相应的基层同步施工。

　　(2)安装路缘石的控制桩,直线段桩距宜为 10～15m;曲线段桩距宜为 5～10m;路口处桩距宜为 1～5m。

　　(3)采用 1∶2(体积比)水泥砂浆勾平缝。

　　(4)砌筑应稳固,直线段顺直,曲线段圆顺,砂浆饱满,缝隙均匀,勾缝密实,外露面清洁,线条顺畅,平缘石不阻水。

　　(5)路缘石采用 1∶2 水泥砂浆灌缝,灌缝后常温期养护不应少于 3 天。

　　透水砖铺装完成后采用扫缝施工,应采用干中砂,并保证 7 天之内不受扰动。

9.5.2　雨水花园

　　雨水花园的施工流程示意图如图 9-22 所示。

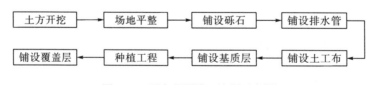

图 9-22　雨水花园施工流程示意图

　　雨水花园的施工工法如下。

1. 土方工程施工工法

(1)开挖、回填和平整的要求。

①在开始安装之前，现场必须有足够的材料数量，以便完成安装并立即稳定暴露的土壤区域；

②尽量在两次降水之间一次性完成开挖；

③利用低影响的地面移动设备(宽履带设备或带有草皮轮胎的轻型设备)进行回填、平整。

(2)减轻因施工造成的土壤压实。

(3)翻松土壤的要求。

①底土耕犁机(裂土器)可以打破压实层而不破坏土壤团聚体结构、表面植被或混合土壤层；

②压实层如何有效地被压裂取决于土壤的水分、结构、质地、类型、组成、孔隙率、密度和黏土含量。

2. 结构工程施工工法

(1)雨水排入口。为了防止雨水径流对土壤的侵蚀，采用放置隔离纺织物料，栽种临时或永久性的植被。

(2)溢流口。生物滞留设施内应设置溢流设施，可采用溢流竖管、盖篦溢流井或雨水口等，溢流设施顶可与城市雨水管渠系统和超标雨水径流排放系统衔接。溢流口设置的数量、位置、深度及间距应按汇水面积产生的流量确定，符合设计要求，安装不得歪扭，并应符合下列要求：①溢流口间距宜为25～50m，其顶部标高应高于绿地50～100mm。②溢流口周边1m范围内宜种植耐涝耐旱的草皮；③溢流口应设有格栅等截污装置，以防止落叶等杂物堵塞溢流口。溢流口顶部标高应符合设计要求，设计未明确时，应高于绿地50～100mm，低于汇水面100mm，以确保暴雨时溢流排放。生物滞留设施的蓄水层深度应根据植物耐淹性能和土壤渗透性能来确定，一般为200～300mm，并应设100mm的超高。

(3)砾石层。生物滞留设施的砾石层可采用洗净的砾石，砾石层的厚度不宜小于300mm，粒径应不小于底部渗排管的开孔孔径或开槽管的开槽宽度。当生物滞留设施底部铺设有管径为100～150mm的穿孔渗排管时，砾石层厚度应适当加大。

(4)检查井及管道。当土壤透水性能小于1.3cm/h时，需要加装穿孔排水管，并置换原土，换土成分宜为80%的粗砂、10%的细砂、10%左右的腐殖土。穿孔排水管钻孔规格应符合设计要求。

3. 种植工程施工工法

1)种植土

种植土层厚度应符合设计要求。其中绿地种植土层的要求如下：

(1)由砂、堆肥和壤质土混合而成，渗透系数不小于1×10^{-5}m/s(或按照设计值)，其重要成分中砂含量为 60%～85%，有机成分含量为 5%～10%，黏土含量不超过 5%；碎石粒径范围为 5～20mm。

(2)种植土厚度取 200～450mm，具体依据种植植物而定，且应满足设计要求。换土层介质类型及深度应满足设计要求，还应符合植物种植及园林绿化养护管理技术要求。为防止换土层介质流失及防止周围原土侵入，换土层外侧及底部一般设置透水土工布隔离层，也可采用厚度不小于 100mm 的砂层(细砂和粗砂)代替。在完成场地平整之后尽快种植植被。

2)植被

设施植物应符合下列要求：

(1)根系发达，可固定土壤、涵养水土，增强对雨水的阻滞能力，减缓雨水流速。

(2)水体净化，植物根系可吸附、净化雨水径流中的污染物、重金属，具备良好的净化能力。

(3)湿陆两生，选择能够适应长期或短期水淹环境，同时耐受长期干旱的两栖植物种类。

(4)抗逆性强，植物应具有较强抗逆性。

(5)具备观赏价值，与周围环境协调融合，给人以美的感受。

(6)维护简单，选择管理简单、运行方便的植物类型。

雨水花园施工打样参考图如图 9-23 所示。

图 9-23　雨水花园施工打样参考图

9.6　海绵城市设施运维技术要点

1. 植被的养护管理

植被的养护管理除应符合《城市绿地设计规范》(GB 50420—2016)外，还应符合以下规定：

(1)种植植被后最初几周应每隔 1 天浇 1 次水，并且要经常去除杂草，直到植物能够正常生长并且形成稳定的生物群落。

(2)应根据设施内植物需水情况，适时对植物进行灌溉。灌溉间隔控制在 4～7 天，在夏季和种植土较薄等条件下应适当增加灌溉次数。

(3)检查植被生长情况，补种或更换设施植物，并及时去除设施内杂草。

(4)植物病虫害防治应执行《园林绿化工程施工及验收规范》(CJJ 82—2012)中的 4.15.3：园林植物病虫害防治，应采用生物防治方法和生物农药及高效低毒农药，严禁使用剧毒农药。可采用物理或生物防治措施，也可采用环保型农药防治。

(5)应对乔木浇水管理，推广绿色建筑推广的滴灌节能工艺。

2. 透水铺装维护要求

(1)透水铺装区域的日常维护除应满足市政卫生要求外，还应符合以下规定：

①透水铺装的人行道等应及时用硬扫帚清理青苔；

②透水铺装区域的落叶应在其处于干燥状态时尽快清除；

③对于采用保留缝隙的方式进行铺装的区域应及时清理缝隙内的沉积物、垃圾杂物等；

④用于铺筑人行道的透水砖其防滑性能不应小于 60，耐磨性不应大于 35mm。

(2)透水路面结构性维护的项目应包括路面裂缝、坑槽、沉降、剥落、磨损等，维护频率不应低于每月 1 次。

(3)损坏的透水沥青路面、透水水泥混凝土路面及透水铺装等必须及时采用原透水材料或透水性和其他性能不低于原透水材料的材料进行修复或替换。

(4)透水铺装透水面空隙中的堵塞物去除，可使用真空吸尘和高压水冲洗(透水路面清洗车)周期清洗，清洗频率应根据路面污染程度、交通量大小、气候及环境条件等因素而定。一般每周应对路面进行一次吸尘清扫，重点清扫路面边缘。

(5)对于设有下部排水管/渠的透水铺装，应定期检查管/渠是否堵塞、错位、破裂等，检查频率不应少于每季度一次。若管/渠堵塞，应根据《城镇排水管道维护安全技术规程》(CJJ6—2009)的相关规定进行管道疏通；若管道错位或破裂，应立即采取措施修复或更换管道。

(6)透水路面通车后，每半年应至少进行 1 次全面透水功能性养护，透水系数下降显著的道路应每个季度进行 1 次的全面透水功能性养护。

3. 雨水花园维护要求

(1) 设施内种植土壤的维护管理应符合下列规定：

① 种植土厚度应每年检查一次，根据需要补充种植土到设计厚度；

② 在进行植株移栽或替换时应快速完成种植土的翻耕，减少土壤裸露时间；

③ 在土壤裸露期间应在土壤表面覆盖塑薄膜或其他保护层，以防止土壤被降雨和风侵蚀；

④ 种植土出现明显的侵蚀、流失时应分析原因并纠正；

⑤ 树木栽植成活率不应低于 95%，名贵树木栽植成活率应达到 100%。

(2) 存水区设计排空时间宜为 8～24h，当雨后雨水排空时间超过 24h 时，应排查原因。

4. 绿色屋顶维护要求

(1) 应定期清理设施内的落叶和垃圾杂物，每月不少于 1 次，在落叶季节还应增加清理和维护次数。

(2) 当植物覆盖率低于设计要求时，应按照以下步骤处理：

① 根据植物生长情况判断是否需灌溉补水；

② 测定土壤肥力是否满足植物生长要求，若不满足，则可适当补充环保、长效的有机肥或复合肥。

(3) 雨后排空时间超过设计要求时，应进行检查并处理：

① 检查雨水口排水沟是否堵塞，如有堵塞则应及时清理；

② 检查落叶或沉积物堆积是否阻碍渗透，如有影响则应及时清理；

③ 如为容器种植时，容器结构出现腐蚀或破损时应及时修复或更换。

作者：中煤科工重庆设计研究院(集团)有限公司绿色建筑设计研究院　秦砚瑶、戴辉自、陈璞玉、张馨、金高屹

参 考 文 献

[1]重庆市城乡建设委员会. 低影响开发雨水系统设计标准：DBJ50/T-292—2018 [S].

[2]重庆市城乡建设委员会. 重庆市城市道路与开放空间低影响开发雨水设施标准设计图集：DJBT-103—2017 [S].

[3]重庆市城乡建设委员会. 海绵城市绿地设计技术标准：DBJ50/T-293—2018 [S].

[4]重庆市城乡建设委员会. 城市雨水利用技术标准：DBJ50/T-295—2018 [S].